研究生高水平课程体系建设丛书

最优估计理论与应用

——最小二乘估计

梁 彦 徐林峰 吉瑞萍 编著

西北工業大學出版社

西 安

【内容简介】 作为估计理论的基础，最小二乘估计是从不精确数据中提炼规律的信息处理过程，在航空航天、工业过程、计量经济、生物、物理等学科和领域有着广泛应用。本书内容包括线性最小二乘估计、加权最小二乘估计、非线性最小二乘估计、模型校验和数据压缩下的最小二乘估计等，力图从应用示例出发，引出研究问题。

本书可作为研究生或高年级本科生有关专业的教材，也可供信息处理领域技术人员参考。

图书在版编目（CIP）数据

最优估计理论与应用：最小二乘估计/梁彦，徐林峰，吉瑞萍编著. —西安：西北工业大学出版社，2019.11

（研究生高水平课程体系建设丛书）

ISBN 978-7-5612-6674-8

Ⅰ. ①最… Ⅱ. ①梁… ②徐… ③吉… Ⅲ. ①最小二乘法-估计-最佳化理论-研究生-教材 Ⅳ. ①O211.67

中国版本图书馆 CIP 数据核字(2019)第 241803 号

ZUIYOU GUJI LILUN YU YINGYONG — ZUIXIAO ERCHENG GUJI

最优估计理论与应用——最小二乘估计

责任编辑：	孙　倩	**策划编辑：**	何格夫
责任校对：	王　静	**装帧设计：**	李　飞
出版发行：	西北工业大学出版社		
通信地址：	西安市友谊西路 127 号	邮编：710072	
电　　话：	(029)88491757，88493844		
网　　址：	www.nwpup.com		
印 刷 者：	陕西向阳印务有限公司		
开　　本：	787 mm×1 092 mm	1/16	
印　　张：	5.375		
字　　数：	141 千字		
版　　次：	2019 年 11 月第 1 版	2019 年 11 月第 1 次印刷	
定　　价：	30.00 元		

前　言

最小二乘估计是在给定数据和观测模型情况下最优确定模型参数，从而实现数据拟合误差平方和最小化。对于最小二乘估计，模型刻画了数据之间的关系，表示了数据生成或者变化所遵循的原理或者可能，其设计往往依据物理、化学和生物等应用领域知识；模型误差可以表征“数据被不可预知的偏差或者干扰污染”，也可以表征“建模近似或者测不准引起的观测误差”，反映了数据的不精确性；模型参数代表了数据中所蕴含的规律特征。因此，最小二乘估计的本质是从不精确数据中提炼规律的信息处理过程。

作为估计理论的基础，最小二乘估计广泛应用于航空航天、工业过程、计量经济、生物物理等学科和领域。在控制科学与工程领域，控制系统设计往往需要给定被控对象的系统模型，这就需要根据系统输入、输出数据确定动态系统的演化模型，因而以最小二乘估计为核心的系统辨识是有效实施控制的前提。在数据科学与分析领域，最小二乘估计一方面将不断增加的数据压缩成维数不变的参数特征，有助于模式的判别与学习，另一方面利用拟合模型实现数据预报或者数据插值，支持缺失数据补足。

估计理论与应用的学术专著较多，但适合研究生学习的中文教材却很少。笔者在多年授课过程中不断完善的讲义基础上，参考了多部国外教材和专著，以及重要学术论文成果，编写完成了估计理论与应用课程系列教材的第一部——《最优估计理论与应用——最小二乘估计》。本书力图从应用示例出发，引出研究问题，可以作为研究生或高年级本科生有关专业的教材，也可以供信息处理领域技术人员参考。

本书分为 5 章：第 1 章介绍线性模型下标准最小二乘估计的来由、推导、实现；第 2 章介绍加权最小二乘估计的起因和推导，给出等式约束、序贯处理和权重选择等情况下的算法实现及量测矩阵不确定下的全最小二乘估计；第 3 章介绍非线性模型下标准最小二乘估计的典型实现；第 4 章给出模型校验的度量以及过拟合与欠拟合检验方法；第 5 章给出数据压缩和最优估计的联合处理方法。

本书的出版得到了西北工业大学研究生高水平课程建设项目的支持。

由于水平有限，书中如有不妥之处，敬请读者批评指正。

编著者

2019 年 4 月于西北工业大学

目　　录

第 1 章　线性最小二乘估计

1.1　线性最小二乘估计问题的提出

线性量测模型下最小二乘估计广泛存在于金融预报、系统辨识、图像配准、函数逼近和回归分析等众多应用中。

示例 1.1(金融预报)　某公司的股票价格最近半年的数据如图 1.1 所示。现需要挖掘股票的价格规律，预报近期价格走向。根据数据的时间变化趋势，一种看法是价格演化包含周期性波动，并且有整体增长的趋势。由此建立如下趋势模型：

模型 1

$$y(t)=a_1t+a_2\sin(t)+a_3\cos(2t)+v(t) \tag{1.1}$$

式中，误差 $v(t)$ 为忽略其他可能的次要趋势而引起的模型失配。模型 1 可写成如下矩阵形式：

$$\begin{bmatrix} y(t_1) \\ \vdots \\ y(t_k) \end{bmatrix}=\begin{bmatrix} t_1 & \sin(t_1) & \cos(2t_1) \\ \vdots & \vdots & \vdots \\ t_k & \sin(t_k) & \cos(2t_k) \end{bmatrix}\begin{bmatrix} a_1 \\ a_2 \\ a_3 \end{bmatrix}+\begin{bmatrix} v(t_1) \\ \vdots \\ v(t_k) \end{bmatrix} \tag{1.2}$$

如果能够获得模型参数的估计 $\hat{a}_1$，$\hat{a}_2$ 和 $\hat{a}_3$，则可以实现 t_{k+1} 时刻的股票价格预报：$\hat{y}(t_{k+1})=\hat{a}_1t_{k+1}+\hat{a}_2\sin(t_{k+1})+\hat{a}_3\cos(2t_{k+1})$。

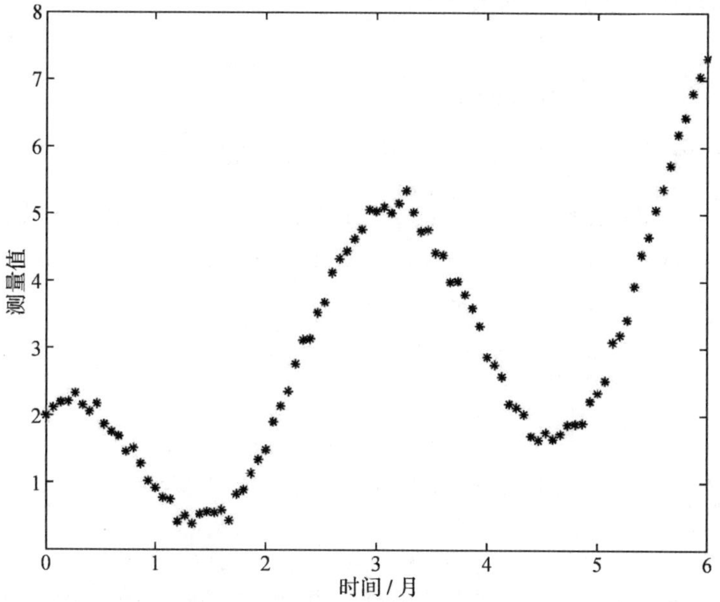

图 1.1　某股票价格趋势分析

当然,对数据趋势也可能有其他看法:价格随时间持续变化,影响价格的因素是通过时间累积作用形成的,因此适合用有限阶次的多项式函数逼近。由此建立如下模型:

模型 2

$$y(t)=b_1(t+2)+b_2t^2+b_3t^3+v(t) \tag{1.3}$$

或矩阵形式为

$$\begin{bmatrix} y(t_1) \\ \vdots \\ y(t_k) \end{bmatrix}=\begin{bmatrix} t_1+2 & t_1^2 & t_1^3 \\ \vdots & \vdots & \vdots \\ t_k+2 & t_k^2 & t_k^3 \end{bmatrix}\begin{bmatrix} b_1 \\ b_2 \\ b_3 \end{bmatrix}+\begin{bmatrix} v(t_1) \\ \vdots \\ v(t_k) \end{bmatrix} \tag{1.4}$$

通过相应的参数估计,股票价格预报为 $\hat{y}(t_{k+1})=\hat{b}_1(t_{k+1}+2)+\hat{b}_2t_{k+1}^2+\hat{b}_3t_{k+1}^3$。

显然,对于同样的数据,不同的建模方式会带来不同的预测结果。关于建模优劣的比较将在本书的模型校验部分讨论。本章讨论的是给定模型下如何根据数据最佳估算模型参数。

示例 1.2(系统辨识) 考虑如下单输入单输出线性离散时间系统:

$$x_{k+1}=\Phi x_k+\Gamma u_k \tag{1.5}$$

$$y_k=x_k+v_k \tag{1.6}$$

式中,x 为系统状态;u 为系统输入;y 为传感器输出;Φ 和 Γ 为未知的系统参数;v 为观测误差。通过变量代换消去系统状态,可得如下参数辨识模型:

$$\begin{bmatrix} y_2 \\ \vdots \\ y_k \end{bmatrix}=\begin{bmatrix} y_1 & u_1 \\ \vdots & \vdots \\ y_{k-1} & u_{k-1} \end{bmatrix}\begin{bmatrix} \Phi \\ \Gamma \end{bmatrix}+\begin{bmatrix} e_2 \\ \vdots \\ e_k \end{bmatrix} \tag{1.7}$$

式中,建模误差 $e_i=v_i-\Phi v_{i-1}$ 为传感器观测误差。给定系统输入输出数据对 $\{(u_1,y_1),\cdots,(u_k,y_k)\}$,需要辨识系统参数 Φ 和 Γ,为状态估计、最优控制提供支撑。

示例 1.3(图像配准) 不同视角拍摄的两幅图像在图像配准和拼接过程中需要确定对应点的坐标变换关系。设图像 1 中的像素点 (x,y) 和图像 2 中的像素点 (u,v) 是对应的匹配点,如图 1.2 所示,则其仿射变换关系可表示为

$$\begin{bmatrix} x \\ y \end{bmatrix}=\begin{bmatrix} a_1 \\ a_2 \end{bmatrix}+\begin{bmatrix} a_3 & a_5 \\ a_4 & a_6 \end{bmatrix}\begin{bmatrix} u \\ v \end{bmatrix}+\begin{bmatrix} w_x \\ w_y \end{bmatrix} \tag{1.8}$$

式中,$[a_1,a_2]^{\mathrm{T}}$ 为图像 2 像素点在图像 1 坐标系的两个方向平移;$\begin{bmatrix} a_3 & a_5 \\ a_4 & a_6 \end{bmatrix}$ 为图像 2 像素点相对图像 1 坐标系的缩放和旋转;$[w_x,w_y]^{\mathrm{T}}$ 为图像量化引起的误差或者成像畸变。给定一组匹配点 $\{(x_i,y_i),(u_i,v_i)\}$,$i=1,\cdots,k$,需要确定仿射变换的六个参数。式(1.8)可化为两个子模型:

$$\begin{bmatrix} x_1 \\ \vdots \\ x_k \end{bmatrix}=\begin{bmatrix} 1 & u_1 & v_1 \\ \vdots & \vdots & \vdots \\ 1 & u_k & v_k \end{bmatrix}\begin{bmatrix} a_1 \\ a_3 \\ a_5 \end{bmatrix}+\begin{bmatrix} w_{x,1} \\ \vdots \\ w_{x,k} \end{bmatrix} \tag{1.9}$$

$$\begin{bmatrix} y_1 \\ \vdots \\ y_k \end{bmatrix}=\begin{bmatrix} 1 & u_1 & v_1 \\ \vdots & \vdots & \vdots \\ 1 & u_k & v_k \end{bmatrix}\begin{bmatrix} a_2 \\ a_4 \\ a_6 \end{bmatrix}+\begin{bmatrix} w_{y,1} \\ \vdots \\ w_{y,k} \end{bmatrix} \tag{1.10}$$

如果基于上述两个模型分别估算出三个模型参数,则可以获得图像配准的仿射变换关系。

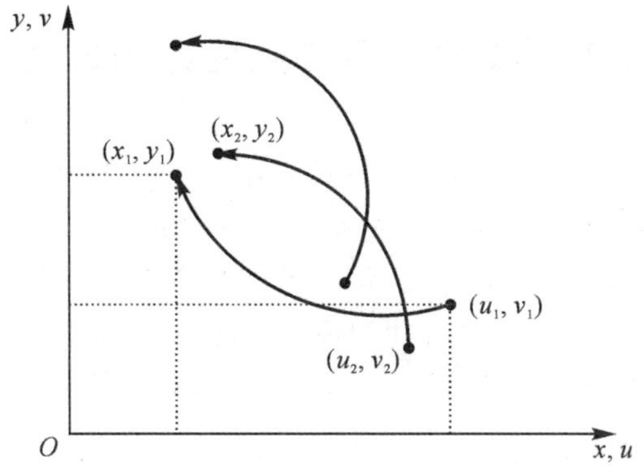

图 1.2　两幅图像的特征点配准

另外需要说明的是，式(1.8) 中 $\begin{bmatrix} a_3 & a_5 \\ a_4 & a_6 \end{bmatrix}$ 如果表示缩放和旋转，则只有缩放尺度和旋转角度两个自由参数，而非四个参数。一种解决办法是直接估计两个方向平移、缩放尺度以及旋转角度参数，这涉及后续章节的非线性最小二乘估计；另一种解决办法是先估计出式(1.8) 中的六个参数，然后将估计出的参数值 $\hat{a}_3$，$\hat{a}_4$，$\hat{a}_5$，$\hat{a}_6$ 作为量测，再运用非线性最小二乘估计出缩放尺度和旋转角度。

示例 1.4(函数多项式逼近)　如果从 x 到 y 的函数映射用一组基函数 $1, x, x^2, \cdots, x^M$ 逼近，则变量关联关系可用如下模型表示：

$$y_i = a_0 + a_1 x_i + a_2 x_i^2 + \cdots + a_M x_i^M + v_i \tag{1.11}$$

式中，v_i 为函数逼近的截断误差。给定一组数据对 (x_i, y_i)，需要利用上述模型估计参数 $\{a_0, \cdots, a_M\}$，从而挖掘因素 x 与因素 y 的关联规律。这种关联关系可能是由因到果的，也可能是由果推因的，也可能是非因非果的趋势相似性(相似性表示两者存在共同的影响因素)。

示例 1.5(多变量关联分析)　我们怀疑肥胖程度 y 与饮食、睡眠、情绪、锻炼等 M 个因素有关，希望确定各因素影响的程度。如果各种因素的主要影响是线性的，则有

$$y_i = a_0 + a_1 x_{1,i} + a_2 x_{2,i} + \cdots + a_M x_{M,i} + v_i \tag{1.12}$$

式中，建模误差 v_i 可能为线性化近似，也可能为次要因素的忽略。为此，收集了因素 $\{x_1, \cdots, x_M\}$ 和变量 y 的数据对 $\{x_{1,i}, \cdots, x_{M,i}, y_i\}$，需要估计模型参数 $\{a_0, \cdots, a_M\}$，以便根据 a_i 等于零、大于零或者小于零确定第 i 个因素对肥胖的影响的不相关、正相关或者负相关，从而为健康保健提出科学建议。

上述所有示例均可以用如下通用模型表述：

$$\boldsymbol{y} = \boldsymbol{H}\boldsymbol{x} + \boldsymbol{v} \tag{1.13}$$

式中，$\boldsymbol{x}$ 为待估计的 n 维参数向量；$\boldsymbol{H}$ 为已知的观测矩阵；$\boldsymbol{y}$ 为已知的观测数据；$\boldsymbol{v}$ 为建模误差，该误差可能来源于测量偏差，可能来源于次要因素的忽略(如高维系统的降阶近似)，也可能来源于次要关系的忽略(如非线性系统的线性化近似)。式(1.13) 的物理含义是：数据 $\boldsymbol{y}$ 包含两部分因素的线性叠加，一部分是 $\boldsymbol{Hx}$，反映大量数据之间遵循的共同规律，但规律参数 $\boldsymbol{x}$ 是未知的；另一部分是 $\boldsymbol{v}$，反映建模不确定，表征了建模信息的不完备、不精确(即使给定真实参数 $\boldsymbol{x}$，也不可能完全准确地预报数据)，代表了数据的不可预报性。参数估计的任务就是在模型存在建模误差 $\boldsymbol{v}$ 的情况下，根据数据 $\boldsymbol{y}$ 最优估计未知参数 $\boldsymbol{x}$。

1.2 线性最小二乘估计的方法

如果获得 $\boldsymbol{x}$ 的最佳估计 $\hat{\boldsymbol{x}}$，则数据 $\boldsymbol{y}$ 的最好拟合逼近是 $\boldsymbol{H}\hat{\boldsymbol{x}}$。因而 $\boldsymbol{y}$ 与 $\boldsymbol{H}\hat{\boldsymbol{x}}$ 的差异

$$\boldsymbol{e}=\boldsymbol{y}-\boldsymbol{H}\hat{\boldsymbol{x}} \tag{1.14}$$

能够反映估计的质量。式(1.14)也称残差，常用于模型参数未知或者模型结构变化情况下的估计方法自适应学习，也可以用于估计性能的理论分析。参数估计方法(也称估计器)都是根据残差构造并优化代价函数 $J(\boldsymbol{e})$ 实现的。$J(\boldsymbol{e})$ 一般应满足如下特性：

(1) 非负性，即 $J(\boldsymbol{e})\geqslant 0$；

(2) 单调性，即如果 $\|\boldsymbol{e}_1\|\geqslant\|\boldsymbol{e}_2\|$，则 $J(\boldsymbol{e}_1)\geqslant J(\boldsymbol{e}_2)$；

(3) 偶函数性，即 $J(\boldsymbol{e})=J(-\boldsymbol{e})$。

非负性符合代价非负的物理含义，而且限定了代价的下限，有利于保证最小代价的存在性。单调性表明：偏差越大代价越高。具体采用哪个向量范数度量偏差大小，这里无须限定。由单调性可得：当残差为零向量时，代价函数最小。当然代价最小点并不一定只有零向量一个点。偶函数性质表示：最小代价只在零向量处取得。零向量是唯一的全局最小点。这保证解的唯一性。对于偏差正负取值带来的风险不同的情况，代价函数设计不必满足偶函数性质。当然，偶函数性质丧失可能带来最优化的多解。多解固然使得优化过程复杂化，不过有时候多解赋予了应用者进一步遴选优化的权利。

为方便起见，代价函数简写为 J。代价函数设计是依据估计任务的，因此为应用者留下了发挥的空间。如果要求统计(即估计应用次数足够多)意义下平均估计误差最小，则采用均方误差指标 $J=\mathrm{E}(\boldsymbol{e}^{\mathrm{T}}\boldsymbol{e})$，其中 E 为数学期望算子。这需要求取残差的统计特性。如果要求误差在一定范围内即可，可取分段函数取值，即 $J=0$(如果 $\|\boldsymbol{e}\|<$ 容许阈值)或 1(其他)。显然，这种情况下，满足要求的最优解是不唯一的。

数学家高斯在确定天体轨道时首先提出了线性最小二乘的估计准则：

$$J=\frac{1}{2}\boldsymbol{e}^{\mathrm{T}}\boldsymbol{e} \tag{1.15}$$

式中，J 对应数据拟合误差二次方和的一半，其中系数 1/2 并不影响优化结果。将式(1.14)代入式(1.15)，得到如下二次型指标函数：

$$J(\hat{\boldsymbol{x}})=\frac{1}{2}(\boldsymbol{y}^{\mathrm{T}}\boldsymbol{y}-2\boldsymbol{y}^{\mathrm{T}}\boldsymbol{H}\hat{\boldsymbol{x}}+\hat{\boldsymbol{x}}^{\mathrm{T}}\boldsymbol{H}^{\mathrm{T}}\boldsymbol{H}\hat{\boldsymbol{x}}) \tag{1.16}$$

函数 J 是 $n+1$ 维空间中的性能曲面，具有 n 维抛物凸面，且有唯一一个最小值点。当 $n=2$ 时，函数 J 为图 1.3 所示的三维碗状面，最优估计位于碗状面的底部。

最小二乘估计全局极小值满足如下条件：

$$\nabla_{\hat{x}}J\equiv\begin{bmatrix}\dfrac{\partial J}{\partial\hat{x}_1}\\ \vdots\\ \dfrac{\partial J}{\partial\hat{x}_n}\end{bmatrix}=\boldsymbol{H}^{\mathrm{T}}\boldsymbol{H}\hat{\boldsymbol{x}}-\boldsymbol{H}^{\mathrm{T}}\boldsymbol{y}=0 \tag{1.17}$$

且

$$\nabla_{\hat{x}}^2 J \equiv \frac{\partial^2 J}{\partial \hat{\boldsymbol{x}} \partial \hat{\boldsymbol{x}}^{\mathrm{T}}} = \boldsymbol{H}^{\mathrm{T}} \boldsymbol{H} \quad 正定 \tag{1.18}$$

式中，$\nabla_{\hat{x}} J$ 为雅可比(Jacobian) 矩阵，$\nabla_{\hat{x}}^2 J$ 为海赛(Hessian) 矩阵。显然，$\boldsymbol{H}^{\mathrm{T}}\boldsymbol{H}$ 总是半正定的。如果 $\boldsymbol{H}$ 的秩为 n(即至少存在 n 个独立的观测方程)，则 $\boldsymbol{H}^{\mathrm{T}}\boldsymbol{H}$ 正定，从而保证 $\boldsymbol{H}^{\mathrm{T}}\boldsymbol{H}$ 逆的存在。另外，全书中“0” 表示零、零向量或者维数适当的零矩阵。根据式(1.17) 可得最小二乘估计：

$$\hat{\boldsymbol{x}} = (\boldsymbol{H}^{\mathrm{T}}\boldsymbol{H})^{-1}\boldsymbol{H}^{\mathrm{T}}\boldsymbol{y} \tag{1.19}$$

即最小二乘估计 $\hat{\boldsymbol{x}}$ 是 $\boldsymbol{y}$ 在由矩阵 $\boldsymbol{H}$ 的列向量张成的空间上的正交规范投影。

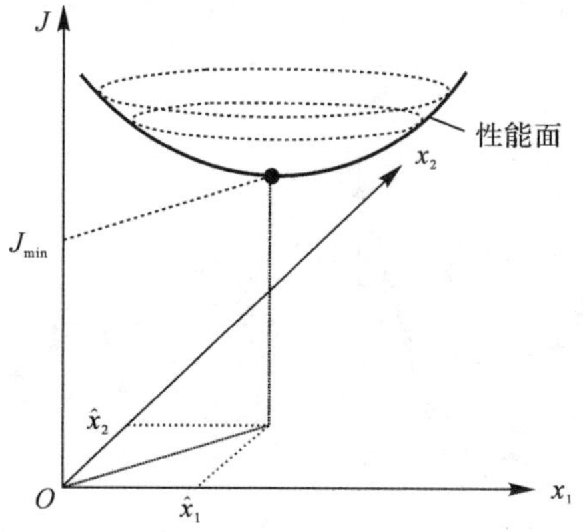

图 1.3　最小二乘代价函数的性能面

下面用 $\boldsymbol{x}$ 为标量的情况阐述投影概念，然后再扩展到向量情况。对于 $\boldsymbol{x}$ 为标量情况，式(1.15) 改写为

$$J = \frac{1}{2}(\boldsymbol{y} - \hat{x}\boldsymbol{h})^{\mathrm{T}}(\boldsymbol{y} - \hat{x}\boldsymbol{h}) \tag{1.20}$$

式中，$\boldsymbol{h}$ 为基函数向量。式(1.19) 改写为

$$\hat{x} = \frac{\boldsymbol{h}^{\mathrm{T}}\boldsymbol{y}}{\boldsymbol{h}^{\mathrm{T}}\boldsymbol{h}} \tag{1.21}$$

残差 $\boldsymbol{e} = \boldsymbol{y} - \hat{x}\boldsymbol{h}$ 左乘 $\boldsymbol{h}^{\mathrm{T}}$，并将式(1.21) 代入，得

$$\boldsymbol{h}^{\mathrm{T}}\boldsymbol{e} = \boldsymbol{h}^{\mathrm{T}}(\boldsymbol{y} - \hat{x}\boldsymbol{h}) = \boldsymbol{h}^{\mathrm{T}}\left(\boldsymbol{y} - \frac{\boldsymbol{h}^{\mathrm{T}}\boldsymbol{y}}{\boldsymbol{h}^{\mathrm{T}}\boldsymbol{h}}\boldsymbol{h}\right) = \boldsymbol{h}^{\mathrm{T}}\boldsymbol{y} - \frac{\boldsymbol{h}^{\mathrm{T}}\boldsymbol{y}}{\boldsymbol{h}^{\mathrm{T}}\boldsymbol{h}}\boldsymbol{h}^{\mathrm{T}}\boldsymbol{h} = 0 \tag{1.22}$$

这表明量测向量 $\boldsymbol{h}$ 和量测拟合误差向量 $\boldsymbol{e}$ 之间的夹角是 90°，即相互正交。

对于 $\boldsymbol{x}$ 为向量情况，式(1.22) 可改写为

$$\boldsymbol{h}_i^{\mathrm{T}}(\boldsymbol{y} - \boldsymbol{H}\hat{\boldsymbol{x}}) = 0, \quad i = 1, \cdots, n \tag{1.23}$$

即残差向量 $\boldsymbol{e} = \boldsymbol{y} - \boldsymbol{H}\hat{\boldsymbol{x}}$ 必定垂直于 $\boldsymbol{H}$ 的每一个列向量 $\boldsymbol{h}_i$。$\boldsymbol{y}$ 在量测矩阵列空间的投影为 $\bar{\boldsymbol{P}}\boldsymbol{y}$，其中投影矩阵

$$\bar{\boldsymbol{P}} = \boldsymbol{H}(\boldsymbol{H}^{\mathrm{T}}\boldsymbol{H})^{-1}\boldsymbol{H}^{\mathrm{T}} \tag{1.24}$$

是对称的，而且具有幂等性，即满足

$$\bar{\boldsymbol{P}}\boldsymbol{y} = \bar{\boldsymbol{P}}\bar{\boldsymbol{P}}\cdots\bar{\boldsymbol{P}}\boldsymbol{y} \tag{1.25}$$

幂等性表明一旦某个向量经 $\bar{\boldsymbol{P}}$ 作用，成为在其空间上的投影，则它无法再经 $\bar{\boldsymbol{P}}$ 作用而发生改

变。也就是说，把最小二乘估计结果作为等效量测，再次运用最小二乘不可能改变估计。另外，残差向量是 $\boldsymbol{y}$ 在 $\bar{\boldsymbol{P}}$ 的正交补空间的投影，即

$$\boldsymbol{e}=(\boldsymbol{I}-\bar{\boldsymbol{P}})\boldsymbol{y} \tag{1.26}$$

例 1.1 对于示例 1.1，采用标准最小二乘估计，可以得到模型 1 和模型 2 的参数估计分别为(0.996 7, 0.955 6, 2.003 0) 和(0.672 1, −0.130 3, 0.002 10)。将模型拟合曲线和测量数据绘制在一起，并绘制出残差曲线，如图 1.4 所示。显然模型 1 与测量数值更吻合，而模型 2 出现很大偏差。观察残差可以看到：模型 1 的拟合残差呈现出无规律的白噪声随机特性，且在 0 上下分布均匀。残差的零均值且白化（白化是指不同时刻的残差在统计上线性独立）预示着估计的最优性。模型 2 的拟合残差呈现出周期性，该周期与数据一致，这说明数据的周期规律没有得到有效提取。

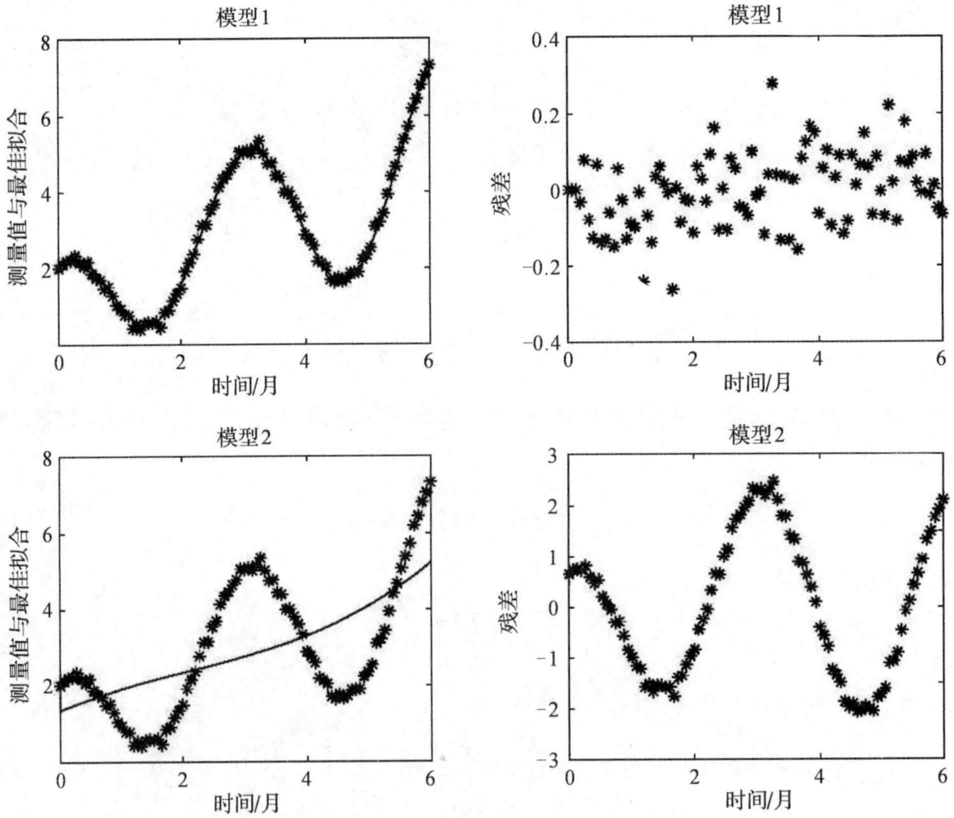

图 1.4 两个模型的最佳拟合和残差曲线

进一步，根据模型 1 预测股票价格未来半年走势。由模型 1 的拟合参数预报的价格曲线和后来获得的实际数据如图 1.5 所示。可以看出，模型 1 成功预测了股票价格在 8 月份的下跌探底以及探底值，成功预测了 10 月份前的价格上涨达到峰值以及大致的峰值数，但此后预测误差越来越大，逐渐丧失了预报能力。一方面，由于建模误差的存在，预报精度会随着预测时间增长而变差，只有更高精度的模型才能获得好的预报，也就是说，最小二乘成功应用的关键是建立符合实际的模型；另一方面，长周期预报时反映出建模仍然过于粗糙，忽略了某些重要趋势。为此，提出具有四个参数的更精细模型：

模型 3

$$y_3(t) = x_1 t + x_2 \sin(t) + x_3 \cos(2t) + x_4 e^t \tag{1.27}$$

还使用前 6 个月数据，由最小二乘估计获得模型 3 的参数估计为(0.995 8，0.997 9，2.011 7，-4.232×10^{-5})。模型拟合与预测外推如图 1.6 所示。拟合和预报效果令人满意。

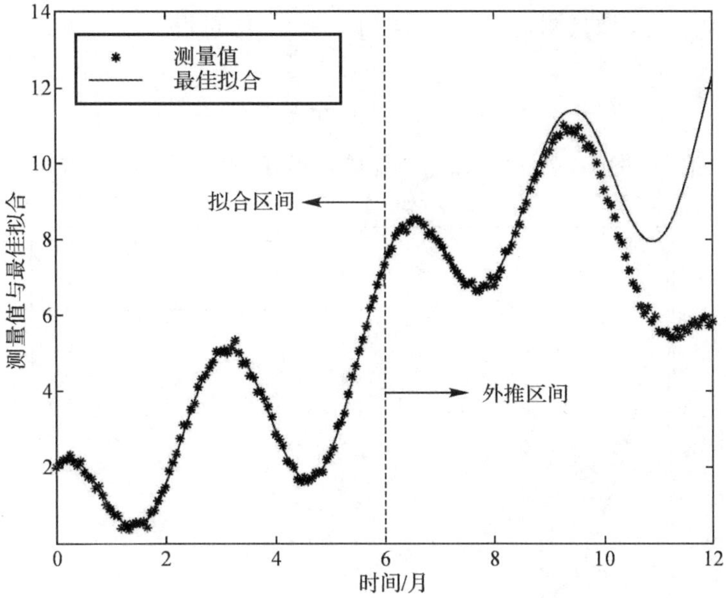

图 1.5　基于模型 1 的拟合与预报

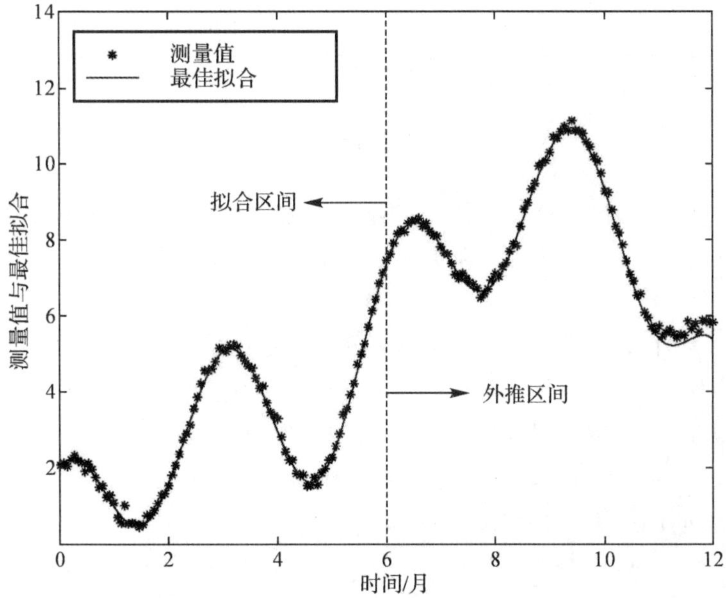

图 1.6　基于模型 3 的拟合与预报

例 1.2 考虑示例 1.2,u 为幅度 100 的脉冲输入(即当 $k=1$ 时 $u_k=100$,当 $k\geqslant 2$ 时 $u_k=0$),假设实际参数为

$$\begin{bmatrix}\Phi\\ \Gamma\end{bmatrix}=\begin{bmatrix}0.904\ 8\\ 0.095\ 2\end{bmatrix}$$

传感器误差为标准差等于 0.08 的零均值高斯白噪声。用 Matlab 的 rand 函数生成高斯白噪声,并由此获得 101 个离散量测输出。采用最小二乘估计,可得

$$\begin{bmatrix}\hat{\Phi}\\ \hat{\Gamma}\end{bmatrix}=\begin{bmatrix}0.904\ 8\\ 0.095\ 0\end{bmatrix}$$

测量输入与拟合曲线如图 1.7 所示。显然估计质量很好,满足系统辨识要求。

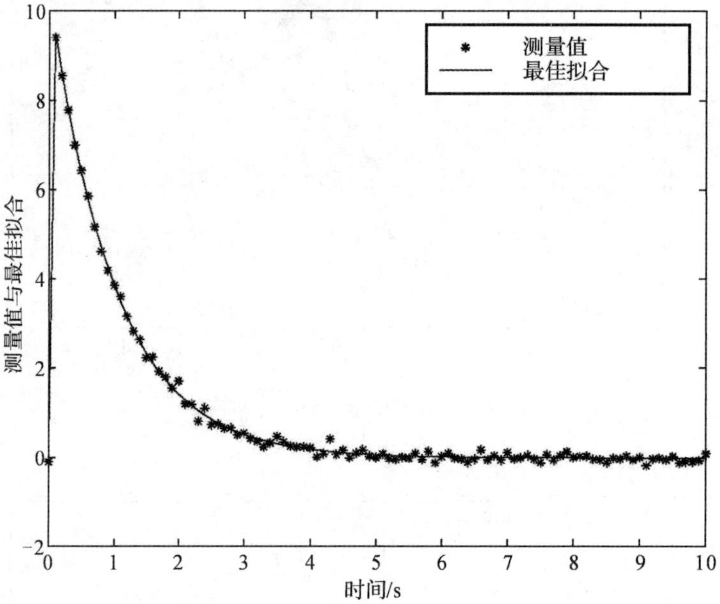

图 1.7 测量值与拟合对比图

例 1.3 在定位与地图创建(SLAM)过程中,传感器不断运动并观测,对空间第 j 个点分别获得了不同坐标系的两个观测:$\boldsymbol{a}_j$ 和 $\boldsymbol{b}_j$。如图 1.8 所示,其坐标变换为

$$\boldsymbol{b}_j=\boldsymbol{A}\boldsymbol{a}_j+\boldsymbol{t} \tag{1.28}$$

式中,$\boldsymbol{A}$ 和 $\boldsymbol{t}$ 分别为图 1.8 中右边坐标系相对左边坐标系的旋转矩阵和平移向量。$\boldsymbol{A}$ 为标准正交矩阵($\boldsymbol{A}\boldsymbol{A}^{\mathrm{T}}=\boldsymbol{I}_{3\times 3}$)。令 $\boldsymbol{G}=(\boldsymbol{I}+\boldsymbol{A})^{-1}(\boldsymbol{I}-\boldsymbol{A})$ 或 $\boldsymbol{G}=(\boldsymbol{I}-\boldsymbol{A})(\boldsymbol{I}+\boldsymbol{A})^{-1}$,则有 $\boldsymbol{A}=(\boldsymbol{I}+\boldsymbol{G})^{-1}(\boldsymbol{I}-\boldsymbol{G})=(\boldsymbol{I}-\boldsymbol{G})(\boldsymbol{I}+\boldsymbol{G})^{-1}$,因而式(1.28)可改写为

$$\boldsymbol{b}_j=(\boldsymbol{I}+\boldsymbol{G})^{-1}(\boldsymbol{I}-\boldsymbol{G})\boldsymbol{a}_j+\boldsymbol{t} \tag{1.29}$$

实际上,$\boldsymbol{G}$ 是具有如下结构的反对称矩阵:

$$\boldsymbol{G}=\begin{bmatrix}0 & -g_3 & g_2\\ g_3 & 0 & -g_1\\ -g_2 & g_1 & 0\end{bmatrix}\equiv[\boldsymbol{g}\times] \tag{1.30}$$

式中,$\boldsymbol{g}=[g_1,g_2,g_3]^{\mathrm{T}}$ 为 Gibbs 向量或 Rodrigues 参数向量。对式(1.29)两端左乘

$(\boldsymbol{I}+\boldsymbol{G})$ 并整理可得

$$\boldsymbol{b}_j-\boldsymbol{a}_j=-\boldsymbol{G}(\boldsymbol{b}_j+\boldsymbol{a}_j)+\boldsymbol{t}^* \tag{1.31}$$

式中，$\boldsymbol{t}^*=(\boldsymbol{I}+\boldsymbol{G})\boldsymbol{t}$。令 $\boldsymbol{c}_j=\boldsymbol{b}_j-\boldsymbol{a}_j$ 和 $\boldsymbol{d}_j=\boldsymbol{b}_j+\boldsymbol{a}_j$，则有

$$\boldsymbol{c}_j=-\boldsymbol{G}\boldsymbol{d}_j+\boldsymbol{t}^*=[\boldsymbol{d}_j\times]\boldsymbol{g}+\boldsymbol{t}^*=\begin{bmatrix}[\boldsymbol{d}_j\times] & \boldsymbol{I}_{3\times3}\end{bmatrix}\begin{bmatrix}\boldsymbol{g}\\ \boldsymbol{t}^*\end{bmatrix} \tag{1.32}$$

或

$$\boldsymbol{y}=\begin{bmatrix}\boldsymbol{c}_1\\ \vdots\\ \boldsymbol{c}_m\end{bmatrix}=\underbrace{\begin{bmatrix}[\boldsymbol{d}_1\times] & \boldsymbol{I}_{3\times3}\\ \vdots & \vdots\\ [\boldsymbol{d}_m\times] & \boldsymbol{I}_{3\times3}\end{bmatrix}}_{\boldsymbol{H}}\begin{bmatrix}\boldsymbol{g}\\ \boldsymbol{t}^*\end{bmatrix} \tag{1.33}$$

由此可得最小二乘估计：

$$\begin{bmatrix}\hat{\boldsymbol{g}}\\ \hat{\boldsymbol{t}}^*\end{bmatrix}=(\boldsymbol{H}^{\mathrm{T}}\boldsymbol{H})^{-1}\boldsymbol{H}^{\mathrm{T}}\boldsymbol{y} \tag{1.34}$$

利用关系式 $\hat{\boldsymbol{t}}=(\boldsymbol{I}+\hat{\boldsymbol{G}})^{-1}\hat{\boldsymbol{t}}^*$ 可估计出坐标平移 $\hat{\boldsymbol{t}}$；由 $\hat{\boldsymbol{g}}$ 可计算出 $\hat{\boldsymbol{G}}=[\hat{\boldsymbol{g}}\times]$，进而估计出坐标旋转矩阵 $\hat{\boldsymbol{A}}=(\boldsymbol{I}+\hat{\boldsymbol{G}})^{-1}(\boldsymbol{I}-\hat{\boldsymbol{G}})$。

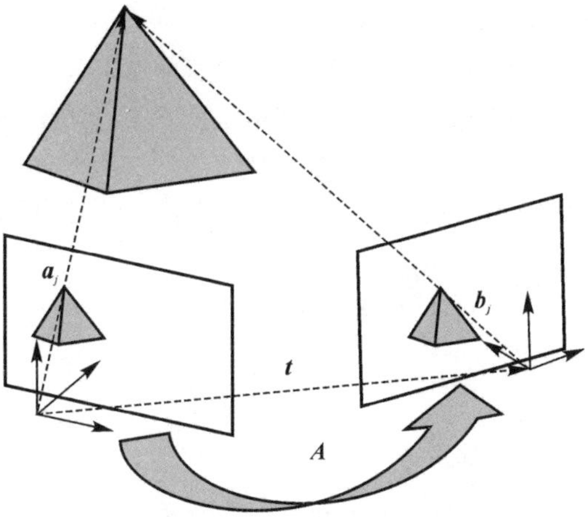

图 1.8　SLAM 过程中的坐标变换

例 1.4　对于 m 维的待估计参数 $\boldsymbol{x}$，其 n 维量测为 $\boldsymbol{z}=\boldsymbol{H}\boldsymbol{x}+\boldsymbol{v}$。若 $m>n$，请判断最小二乘的可用性。

解：显然 $\boldsymbol{H}$ 是 $n\times m$ 矩阵，$\boldsymbol{H}^{\mathrm{T}}\boldsymbol{H}$ 是 $m\times m$ 矩阵。$\boldsymbol{H}^{\mathrm{T}}\boldsymbol{H}$ 满秩的条件是 $\mathrm{rank}(\boldsymbol{H}^{\mathrm{T}}\boldsymbol{H})=m$。根据矩阵理论，两个矩阵相乘的秩小于等于其中任意一个矩阵的秩，矩阵的秩小于等于其行数和列数，则有

$$\mathrm{rank}(\boldsymbol{H}^{\mathrm{T}}\boldsymbol{H})\leqslant\mathrm{rank}(\boldsymbol{H})\leqslant\min(m,n)=n<m$$

即 $\boldsymbol{H}^{\mathrm{T}}\boldsymbol{H}$ 必然秩亏，最小二乘估计不可用。这说明：最小二乘可用的必要条件是量测的维数应不小于待估参数的维数。

例 1.5　如果传感器获得的量测 $\boldsymbol{y}_1=\boldsymbol{h}\boldsymbol{x}+\boldsymbol{v}_1$ 不满足最小二乘估计可用性要求，在不改变探测方式的情况下，是否可以通过多次独立采样以增加信息量的方式满足最小二乘可用性

要求？

解：依题意，有 $\mathrm{rank}(\boldsymbol{h}^{\mathrm{T}}\boldsymbol{h}) < \mathrm{rank}(\boldsymbol{x})$。对于任意 k 次观测，量测矩阵为 $\boldsymbol{H} = [\underbrace{\boldsymbol{h}^{\mathrm{T}},\cdots,\boldsymbol{h}^{\mathrm{T}}}_{k}]^{\mathrm{T}}$，进而 $\boldsymbol{H}^{\mathrm{T}}\boldsymbol{H} = k\boldsymbol{h}^{\mathrm{T}}\boldsymbol{h}$，从而有

$$\mathrm{rank}(\boldsymbol{H}^{\mathrm{T}}\boldsymbol{H}) = \mathrm{rank}(k\boldsymbol{h}^{\mathrm{T}}\boldsymbol{h}) = \mathrm{rank}(\boldsymbol{h}^{\mathrm{T}}\boldsymbol{h}) < \mathrm{rank}(\boldsymbol{x})$$

也就是说，最小二乘估计不可用是由量测数据所包含的待估计参数信息不完备造成的，而信息量的增加仅减少不确定性，需要调整传感探测方式或者增加新的传感器。最小二乘估计可用性为数据的获取或者传感器的部署与协同提出了定性的要求。

1.3 线性最小二乘估计实现

1.3.1 基于矩阵分解的最小二乘估计实现

最小二乘算法实现的核心是 $\boldsymbol{H}^{\mathrm{T}}\boldsymbol{H}$ 求逆。除了直接计算逆矩阵，通常采用矩阵分解方法，以简化计算或者在矩阵接近奇异情况下使计算更稳定。常见的矩阵分解策略包括 QR 分解和奇异值分解。

1. 基于 QR 分解的最小二乘估计实现

由于最小二乘估计要求 $\boldsymbol{H}^{\mathrm{T}}\boldsymbol{H}$ 可逆，因而 $\boldsymbol{H}$ 为列满秩矩阵。采用改进的 Gram - Schmidt 算法可将满秩矩阵 $\boldsymbol{H}$ 分解为正交矩阵 $\boldsymbol{Q}$ 和上三角矩阵 $\boldsymbol{R}$ 的乘积，即

$$\boldsymbol{H} = \boldsymbol{Q}\boldsymbol{R} \tag{1.35}$$

式中，$\boldsymbol{Q}$ 为 $m\times n$ 矩阵，满足 $\boldsymbol{Q}^{\mathrm{T}}\boldsymbol{Q}=\boldsymbol{I}$；$\boldsymbol{R}$ 为 $n\times n$ 上三角满秩阵，即对矩阵中任意元素有 $r_{ij}=0$，$i>j$。由式(1.35) 可得

$$\boldsymbol{H}^{\mathrm{T}}\boldsymbol{H} = \boldsymbol{R}^{\mathrm{T}}\boldsymbol{Q}^{\mathrm{T}}\boldsymbol{Q}\boldsymbol{R} = \boldsymbol{R}^{\mathrm{T}}\boldsymbol{R} \tag{1.36}$$

将式(1.35) 和式(1.36) 代入式(1.19)，得

$$\boldsymbol{R}^{\mathrm{T}}\boldsymbol{R}\hat{\boldsymbol{x}} = \boldsymbol{R}^{\mathrm{T}}\boldsymbol{Q}^{\mathrm{T}}\boldsymbol{y} \tag{1.37}$$

考虑到 $\boldsymbol{R}$ 的满秩特性，式(1.37) 等价于

$$\boldsymbol{R}\hat{\boldsymbol{x}} = \boldsymbol{Q}^{\mathrm{T}}\boldsymbol{y} \tag{1.38}$$

由于 $\boldsymbol{R}$ 为上三角矩阵，根据式(1.38) 所提供的 n 个方程，由最后一个方程可以直接求解出 $\hat{x}_n$，然后代入倒数第 2 个方程求解出 $\hat{x}_{n-1}$，以此类推，逐个求解 $\hat{\boldsymbol{x}}$ 的所有分量。

2. 基于奇异值分解的最小二乘估计实现

奇异值分解将列满秩矩阵分解为一个对角阵和两个正交矩阵：

$$\boldsymbol{H} = \boldsymbol{U}\boldsymbol{S}\boldsymbol{V}^{\mathrm{T}} \tag{1.39}$$

式中，$\boldsymbol{U}$ 为 $m\times n$ 矩阵，其列向量为标准正交向量，满足 $\boldsymbol{U}^{\mathrm{T}}\boldsymbol{U}=\boldsymbol{I}$；$\boldsymbol{S}$ 为 $n\times n$ 对角满秩矩阵，即任意元素 $s_{ij}=0$，$i\neq j$；$\boldsymbol{S}$ 的对角线元素被称为矩阵 $\boldsymbol{H}$ 的奇异值；$\boldsymbol{V}$ 为 $n\times n$ 正交矩阵，满足 $\boldsymbol{V}^{\mathrm{T}}\boldsymbol{V}=\boldsymbol{I}$。注意 $\boldsymbol{U}\boldsymbol{U}^{\mathrm{T}}$ 为 $m\times m$ 矩阵，只要 $m>n$ 就一定秩亏而不等于单位阵。将式(1.39) 代入式(1.19)，得

$$(\boldsymbol{V}\boldsymbol{S}\boldsymbol{U}^{\mathrm{T}}\boldsymbol{U}\boldsymbol{S}\boldsymbol{V}^{\mathrm{T}})\hat{\boldsymbol{x}} = \boldsymbol{V}\boldsymbol{S}\boldsymbol{U}^{\mathrm{T}}\boldsymbol{y} \tag{1.40}$$

代入 $\boldsymbol{U}^{\mathrm{T}}\boldsymbol{U}=\boldsymbol{I}$，有

$$(\boldsymbol{V}\boldsymbol{S}\boldsymbol{S}\boldsymbol{V}^{\mathrm{T}})\hat{\boldsymbol{x}} = \boldsymbol{V}\boldsymbol{S}\boldsymbol{U}^{\mathrm{T}}\boldsymbol{y} \tag{1.41}$$

考虑到 $\boldsymbol{V}$ 和 $\boldsymbol{S}$ 满秩，式(1.41) 左乘 $(\boldsymbol{VSSV}^{\mathrm{T}})^{-1}$ 并利用 $\boldsymbol{V}^{\mathrm{T}}=\boldsymbol{V}^{-1}$，得

$$\hat{\boldsymbol{x}}=\boldsymbol{VS}^{-1}\boldsymbol{U}^{\mathrm{T}}\boldsymbol{y} \tag{1.42}$$

因为 $\boldsymbol{S}$ 是对角阵，所以 $\boldsymbol{S}^{-1}$ 也是对角阵，对角线元素为 $\boldsymbol{S}$ 的对应元素的倒数，计算非常简便。相比 QR 分解，奇异值分解在数值计算上更为鲁棒，但计算代价更大。QR 分解和奇异值分解算法均可以进行推广，以解决矩阵 $\boldsymbol{H}$ 不满秩情况。

奇异值分解还可用于对 $\hat{\boldsymbol{x}}$ 有球形约束的一类最小二乘最小化问题：

$$J=\frac{1}{2}(\boldsymbol{y}-\boldsymbol{H}\hat{\boldsymbol{x}})^{\mathrm{T}}(\boldsymbol{y}-\boldsymbol{H}\hat{\boldsymbol{x}})$$

满足球体约束：

$$\sqrt{\hat{\boldsymbol{x}}^{\mathrm{T}}\hat{\boldsymbol{x}}}\leqslant\gamma \tag{1.43}$$

式中，γ 为已知常数。该问题可以用奇异值分解方法求解：

$$\hat{\boldsymbol{x}}=\begin{cases}\displaystyle\sum_{i=1}^{\mathrm{rank}(\boldsymbol{H})}\left(\frac{s_i z_i}{s_i^2+\lambda^*}\right)\boldsymbol{v}_i, & \text{如果}\displaystyle\sum_{i=1}^{\mathrm{rank}(\boldsymbol{H})}\left(\frac{z_i}{s_i}\right)^2>\gamma^2\\ \displaystyle\sum_{i=1}^{\mathrm{rank}(\boldsymbol{H})}\left(\frac{z_i}{s_i}\right)\boldsymbol{v}_i, & \text{其他}\end{cases} \tag{1.44}$$

式中，s_i 为 $\boldsymbol{S}$ 的第 i 个对角元素；$\boldsymbol{v}_i$ 为 $\boldsymbol{V}$ 的第 i 个列向量；z_i 为 $\boldsymbol{z}=\boldsymbol{U}^{\mathrm{T}}\boldsymbol{y}$ 的第 i 个元素；$\lambda^*>0$ 满足方程：

$$\sum_{i=1}^{\mathrm{rank}(\boldsymbol{H})}\left(\frac{s_i z_i}{s_i^2+\lambda^*}\right)^2=\gamma^2 \tag{1.45}$$

可以通过牛顿求根法求解式(1.45)。需要说明的是，对于式(1.44) 中第一种情况，不考虑约束得到的最小二乘估计位于球形约束之外，向约束面投影，可获得满足约束的最小二乘估计，因而解位于约束面$\sqrt{\hat{\boldsymbol{x}}^{\mathrm{T}}\hat{\boldsymbol{x}}}=\gamma$，等价于等式约束下的最小二乘估计。对于式(1.44) 中第二种情况，不考虑约束而得最小二乘估计恰好满足球形约束，约束式(1.43) 没有对估计构成影响，等价于无约束情况下的标准最小二乘估计。

例 1.6　考虑模型：

$$y=x_1+x_2t+x_3t^2$$

每 0.1s 采样获得 101 个量测，如图 1.9 所示。求满足 $\hat{\boldsymbol{x}}^{\mathrm{T}}\hat{\boldsymbol{x}}\leqslant 14$ 约束的解 $\hat{\boldsymbol{x}}$。

显然，量测矩阵

$$\boldsymbol{H}=\begin{bmatrix}1 & 0 & 0\\ 1 & 0.1 & 0.01\\ \vdots & \vdots & \vdots\\ 1 & 10 & 100\end{bmatrix}$$

列满秩，奇异值分解得 $\boldsymbol{S}=\mathrm{diag}[456.360\,4, 15.589\,5, 3.161\,9]$。经条件验证，需要求解 λ^*。设初值为 0，利用牛顿求根法得 $\lambda^*=0.245$，以及估计 $\hat{\boldsymbol{x}}=[3.020\,9, 1.965\,5, 1.005\,4]^{\mathrm{T}}$，可以验证该估计在约束面上。如果不考虑约束，直接采用标准最小二乘估计得 $\hat{\boldsymbol{x}}_{\mathrm{ls}}=[3.068\,6, 1.944\,5, 1.006\,7]^{\mathrm{T}}$，可以验证 $\hat{\boldsymbol{x}}_{\mathrm{ls}}^{\mathrm{T}}\hat{\boldsymbol{x}}_{\mathrm{ls}}=14.210\,9>14$，不满足约束。

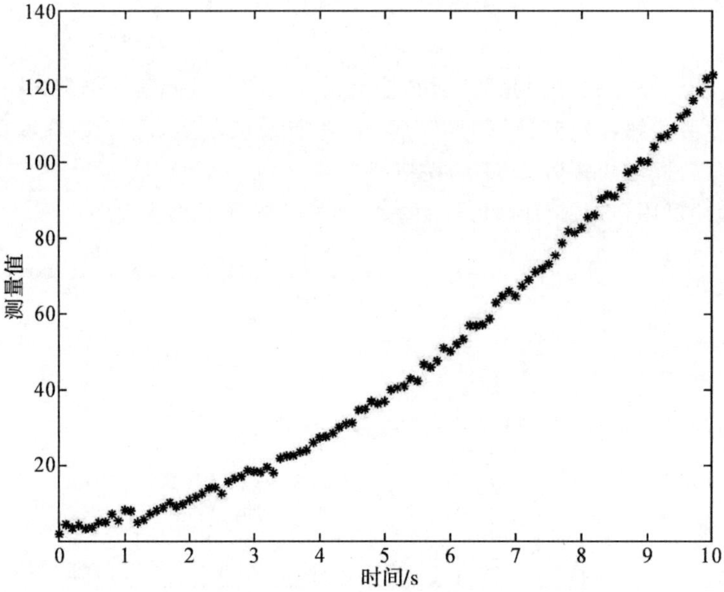

图 1.9　例 1.6 的测量数据

1.3.2　具有 Kronecker 积结构的最小二乘估计实现

量测矩阵有时可以表示成两个矩阵的 Kronecker 积形式，例如二维网格的数据拟合：

$$y_{i,j} = \sum_{p=0}^{M} \sum_{q=0}^{N} x_{p,q} \xi_i^p \eta_j^q + v_{i,j} \tag{1.46}$$

考虑在 $-2 \leqslant x \leqslant 2$，$-2 \leqslant y \leqslant 2$ 范围内的 21×21 网格，对于 $M = N = 5$ 的情况，令

$$\boldsymbol{y} = [y_{1,1}, y_{1,2}, \cdots, y_{1,21}, \cdots, y_{21,1}, y_{21,2}, \cdots, y_{21,21}]^{\mathrm{T}}$$

$$\boldsymbol{x} = [x_{0,0}, x_{0,1}, \cdots, x_{0,5}, \cdots, x_{5,0}, x_{5,1}, \cdots, x_{5,5}]^{\mathrm{T}}$$

$$\boldsymbol{v} = [v_{1,1}, v_{1,2}, \cdots, v_{1,21}, \cdots, v_{21,1}, v_{21,2}, \cdots, v_{21,21}]^{\mathrm{T}}$$

则式(1.46) 具有式(1.13) 的等价形式，其中，二元范德蒙矩阵 $\boldsymbol{H}$ 可以表示为两个一元范德蒙矩阵的 Kronecker 积：

$$\boldsymbol{H} = \underbrace{\begin{bmatrix} 1 & \xi_1 & \xi_1^2 & \xi_1^3 & \xi_1^4 & \xi_1^5 \\ 1 & \xi_2 & \xi_2^2 & \xi_2^3 & \xi_2^4 & \xi_2^5 \\ \vdots & \vdots & \vdots & \vdots & \vdots & \vdots \\ 1 & \xi_{21} & \xi_{21}^2 & \xi_{21}^3 & \xi_{21}^4 & \xi_{21}^5 \end{bmatrix}}_{\boldsymbol{H}_1} \otimes \underbrace{\begin{bmatrix} 1 & \eta_1 & \eta_1^2 & \eta_1^3 & \eta_1^4 & \eta_1^5 \\ 1 & \eta_2 & \eta_2^2 & \eta_2^3 & \eta_2^4 & \eta_2^5 \\ \vdots & \vdots & \vdots & \vdots & \vdots & \vdots \\ 1 & \eta_{21} & \eta_{21}^2 & \eta_{21}^3 & \eta_{21}^4 & \eta_{21}^5 \end{bmatrix}}_{\boldsymbol{H}_2} \tag{1.47}$$

式中，$\boldsymbol{H}_1$ 和 $\boldsymbol{H}_2$ 均为 21×6 的矩阵。参数向量 $\boldsymbol{x}$ 的标准最小二乘估计

$$\hat{\boldsymbol{x}} = (\boldsymbol{H}^{\mathrm{T}}\boldsymbol{H})^{-1}\boldsymbol{H}^{\mathrm{T}}\boldsymbol{y} = [(\boldsymbol{H}_1^{\mathrm{T}}\boldsymbol{H}_1)^{-1}\boldsymbol{H}_1^{\mathrm{T}}] \otimes [(\boldsymbol{H}_2^{\mathrm{T}}\boldsymbol{H}_2)^{-1}\boldsymbol{H}_2^{\mathrm{T}}]\boldsymbol{y} \tag{1.48}$$

需要对 36×36 的矩阵求逆，而 Kronecker 情况下只需要做 2 次 6×6 的矩阵求逆。鉴于矩阵求逆为最小二乘估计主要的计算代价，其复杂度是矩阵维数的三次方，因而利用 Kronecker 积形式，可以获得更高的计算效率。

对于多维网格的数据拟合，量测矩阵可表示为多个矩阵的 Kronecker 积：

$$H = H_1 \otimes H_2 \otimes \cdots \otimes H_N \tag{1.49}$$

相应的最小二乘估计为

$$\hat{x} = [(H_1^T H_1)^{-1} H_1^T] \otimes \cdots \otimes [(H_N^T H_N)^{-1} H_N^T] y \tag{1.50}$$

基于 Kronecker 分解的最小二乘估计在各类数据拟合应用中具有较大的优势，如卫星图像、地形建模和摄影测量。更多 Kronecker 分解在最小二乘中的应用可以参考文献[7]。

1.4　伪非线性最小二乘估计

在数据拟合问题中，有些数据和参数看起来并非线性关系，似乎不能应用线性最小二乘方法，但是如果做适当的模型变换，则有可能获得线性拟合模型。这种拟合模型被称为“伪非线性”。

考虑数据模型：

$$z_i = 5x_1^2 t_i + 6x_1 x_2 t_i^2 + \frac{3x_3^5}{x_2^2 + 1} t_i^3 + v_i \tag{1.51}$$

量测是待估计参数 x_1, x_2, x_3 的非线性函数，最小二乘估计似乎不可用。对参数做如下变换：

$$\left.\begin{aligned} y_1 &= x_1^2 \\ y_2 &= x_1 x_2 \\ y_3 &= x_3^5/(x_2^2 + 1) \end{aligned}\right\} \tag{1.52}$$

则有等价模型

$$z_i = (5t_i) y_1 + (6t_i^2) y_2 + (3t_i^3) y_3 + v_i \tag{1.53}$$

对式(1.53)做最小二乘估计，获得 $\hat{y}_1, \hat{y}_2, \hat{y}_3$，从而拟合或预报数据 z。如果希望获得关于 x_1，x_2, x_3 的估计，则可解如下方程组获得：

$$\left.\begin{aligned} x_1^2 &= \hat{y}_1 \\ x_1 x_2 &= \hat{y}_2 \\ x_3^5/(x_2^2 + 1) &= \hat{y}_3 \end{aligned}\right\} \tag{1.54}$$

从式(1.54)求解可以看出，x_1 具有多解。这意味着即使采用后续章节的非线性迭代最小二乘估计，x_1 固有的多解性也会使最小二乘估计难以收敛。而采用上述变换后，拟合或者预测 z 不受多解性影响，且解方程组时比较容易发现和求取多解。

很多伪非线性模型均可以变换成 $v = a_1 + a_2 u$ 的形式，见表 1.1。

表 1.1　非线性模型变换成线性模型

函　数	u	v	a_1	a_2
$y = b_1 x^{b_2}$	$\ln x$	$\ln y$	$\ln b_1$	b_2
$y = b_1 + \frac{b_2}{x}$	$\frac{1}{x}$	y	b_1	b_2
$y = \frac{b_1 x}{x + b_2}$	$\frac{1}{x}$	$\frac{1}{y}$	$\frac{1}{b_1}$	$\frac{b_2}{b_1}$
$y = b_1 + (x - b_2)^2$	$[x, x^2]^T$	y	$b_1 + b_2^2$	$[-2b_2, 1]$
$y = b_1 + b_2\cos(x - b_3)$	$[\cos(x), \sin(x)]^T$	y	b_1	$[b_2\cos(b_3), b_2\sin(b_3)]$

需要说明的是，模型改变可能引起待估计参数的维数增加。这意味着非线性复杂特性被转化成参数高维度的复杂特性。对于参数维数的增加情况，一种方式是完成标准最小二乘估计出 u 之后，再根据矛盾方程组求解 x。另一种方式是把参数维度增加看成是一种约束，采用有约束的最小二乘估计，表 1.1 后两行变换分别存在 $u_1^2=u_2$ 和 $u_1^2+u_2^2=1$ 的等式约束。

1.5　最小二乘拟合中的基函数

在数据拟合或者系统辨识中，有各种基函数可供选择。基函数的选择通常源于经验和动态系统的相关知识。一个常见的基函数是幂函数，即

$$\{1,t,t^2,t^3,\cdots\} \tag{1.55}$$

对于拟合幂次多项式，有

$$y(t)=x_1+x_2t+x_3t^2+\cdots=\sum_{i=1}^{n}x_it^{i-1} \tag{1.56}$$

多项式系数可由最小二乘估计获得，其中

$$\boldsymbol{H}=\begin{bmatrix}1 & t_1 & t_1^2 & \cdots & t_1^{n-1}\\ 1 & t_2 & t_2^2 & \cdots & t_2^{n-1}\\ \vdots & \vdots & \vdots & & \vdots\\ 1 & t_m & t_m^2 & \cdots & t_m^{n-1}\end{bmatrix} \tag{1.57}$$

被称为范德蒙矩阵。很多常见函数通过重新定义变量能转换成幂次形式，见表 1.2。

表 1.2　t 的幂次形式的变量转换

基函数	新函数	转换变量
$y=x_1+\frac{x_2}{a}+\frac{x_3}{a^2}+\cdots$	$y=x_1+x_2t+x_3t^2+\cdots$	$t=\frac{1}{a},a\neq 0$
$y=Be^{at}$	$z=x_1+x_2t$	$z=\ln y,y>0$ $x_1=\ln B,B>0$ $x_2=a$
$y=x_1w^{-m}+x_2w^n$	$z=x_1+x_2t$	$z=yw^m$ $t=w^{m+n}$
$y=B\exp\left[-\frac{(1-at)^2}{2\sigma^2}\right]$	$z=x_1+x_2t+x_3t^2$	$z=\ln y,y>0$ $x_1=\ln B-\frac{1}{2\sigma^2},B>0$ $x_2=\frac{a}{\sigma^2}$ $x_3=-\frac{a^2}{2\sigma^2}$

需要说明的是，n 较大时范德蒙矩阵求逆会出现病态倾向。以式(1.47)为例，如果 $\xi_i=\eta_i=0.1i$，则 $\boldsymbol{H}$ 矩阵中最小元素为 10^{-10}（对应 $\xi_1^5\eta_1^5$），最大元素为 2.1^{10}（对应 $\xi_{21}^5\eta_{21}^5$），在有限字节运算下矩阵元素大小差异过大不利于矩阵求逆的数值稳定性。一般需要采用 QR 分解、SVD 分

解或者 Kronecker 分解。比如,Kronecker 分解下 $\boldsymbol{H}_1$ 和 $\boldsymbol{H}_2$ 的最小元素均为 10^{-5},最大元素均为 2.1^5,数值稳定性要高得多。

另一个常见基函数是谐波函数:

$$y_j = a_0 + a_1\cos(\omega t_j) + b_1\sin(\omega t_j) + \cdots + a_n\cos(n\omega t_j) + b_n\sin(n\omega t_j) \tag{1.58}$$

令 $\boldsymbol{x} = [a_0, a_1, b_1, \cdots, a_n, b_n]^{\mathrm{T}}$,则式(1.58) 可以写成式(1.13) 的形式,其中

$$\boldsymbol{H} = \begin{bmatrix} 1 & \cos(\omega t_1) & \sin(\omega t_1) & \cdots & \cos(n\omega t_1) & \sin(n\omega t_1) \\ 1 & \cos(\omega t_2) & \sin(\omega t_2) & \cdots & \cos(n\omega t_2) & \sin(n\omega t_2) \\ \vdots & \vdots & \vdots & & \vdots & \vdots \\ 1 & \cos(\omega t_m) & \sin(\omega t_m) & \cdots & \cos(n\omega t_m) & \sin(n\omega t_m) \end{bmatrix} \tag{1.59}$$

如果选择采样点 $\{t_1, t_2, \cdots\}$ 使得矩阵($\boldsymbol{H}^{\mathrm{T}}\boldsymbol{H}$) 的非对角元素接近于 0,那么最小二乘估计可以各个分量解耦近似计算,有

$$\hat{x}_i = \left[\sum_{j=1}^{m} h_i^2(t_j)\right]^{-1} \sum_{j=1}^{m} h_i(t_j) y_j \tag{1.60}$$

式中,$\boldsymbol{h}^{\mathrm{T}}(t) = [1, \cos(\omega t), \sin(\omega t), \cdots, \cos(n\omega t), \sin(n\omega t)]$。

下面揭示最小二乘估计和 $y(t)$ 的连续逼近的联系。为此,首先回顾一下正交函数集。

对于一组实数基函数 $\{\varphi_1(t), \varphi_2(t), \varphi_3(t), \cdots, \varphi_n(t), \cdots\}$,如果满足:

$$\int_{\alpha}^{\beta} \varphi_p(t)\varphi_q(t)\,\mathrm{d}t = c_p\delta_{pq} \quad (c_p > 0, p, q = 1, 2, 3, \cdots) \tag{1.61}$$

式中

$$\delta_{pq} = \begin{cases} 0, & \text{如果 } p \neq q \\ 1, & \text{如果 } p = q \end{cases} \tag{1.62}$$

则称该组基函数在区间 $[\alpha, \beta]$ 上连续正交。采用正交基函数的优势在于:增加新的正交基函数,不会改变已有的正交基函数系数,只需补充计算其增函数的系数。

函数的傅里叶展开是多次谐波正余弦函数的叠加,即

$$y(t) = a_0 + \sum_{n=1}^{\infty} a_n\cos(n\omega t) + \sum_{n=1}^{\infty} b_n\sin(n\omega t) \tag{1.63}$$

其傅里叶系数可确定如下:令 $T = 2\pi/\omega$,考虑到正弦和余弦函数在整周期积分为 0,对式(1.63) 两端在 $[0, T]$ 区间积分,得

$$a_0 = \frac{1}{T}\int_0^T y(t)\,\mathrm{d}t \tag{1.64}$$

将式(1.63) 两边乘以 $\cos(i\omega t)$,并在 $[0, T]$ 区间积分,得

$$\int_0^T y(t)\cos(i\omega t)\,\mathrm{d}t = \sum_{j=0}^{\infty} a_j \int_0^T \cos(j\omega t)\cos(i\omega t)\,\mathrm{d}t + \sum_{j=1}^{\infty} b_j \int_0^T \sin(j\omega t)\cos(i\omega t)\,\mathrm{d}t \tag{1.65}$$

显然,式(1.60) 中 $\boldsymbol{h}(t)$ 的任意两个分量在 $[0, T]$ 区间满足连续正交条件,因而式(1.65) 右端除 $a_i\int_0^T \cos^2(i\omega t)\,\mathrm{d}t$ 外,其他各项均为 0,从而有

$$a_i = \frac{\int_0^T y(t)\cos(i\omega t)\,\mathrm{d}t}{\int_0^T \cos^2(i\omega t)\,\mathrm{d}t} = \frac{2}{T}\int_0^T y(t)\cos(i\omega t)\,\mathrm{d}t \tag{1.66}$$

同理，将式(1.63)两边乘以 $\sin(i\omega t)$，并在$[0, T]$区间积分，可得

$$b_i = \frac{2}{T}\int_0^T y(t)\sin(i\omega t)\,dt \tag{1.67}$$

傅里叶系数也可以由线性最小二乘估计确定。设最小二乘估计指标为

$$J = \frac{1}{2}\int_0^T [y(t) - \hat{\boldsymbol{x}}^{\mathrm{T}}\boldsymbol{h}(t)]^{\mathrm{T}}[y(t) - \hat{\boldsymbol{x}}^{\mathrm{T}}\boldsymbol{h}(t)]\,dt \tag{1.68}$$

或其展开形式为

$$J = \frac{1}{2}\int_0^T [y(t)]^2 dt - \left[\int_0^T y(t)\boldsymbol{h}^{\mathrm{T}}(t)\,dt\right]\hat{\boldsymbol{x}} + \frac{1}{2}\hat{\boldsymbol{x}}^{\mathrm{T}}\left[\int_0^T \boldsymbol{h}(t)\boldsymbol{h}^{\mathrm{T}}(t)\,dt\right]\hat{\boldsymbol{x}} \tag{1.69}$$

由必要条件 $\nabla_{\hat{x}} J = 0$，得

$$\hat{\boldsymbol{x}} = \left[\int_0^T \boldsymbol{h}(t)\boldsymbol{h}^{\mathrm{T}}(t)\,dt\right]^{-1}\left[\int_0^T y(t)\boldsymbol{h}(t)\,dt\right] \tag{1.70}$$

由于 $\boldsymbol{h}(t)$ 是$[0, T]$区间上的一组正交函数，因此 $\int_0^T \boldsymbol{h}(t)\boldsymbol{h}^{\mathrm{T}}(t)\,dt$ 为对角矩阵，其对角元素由 $\int_0^T [h_i(t)]^2 dt$ 给出，因此 $\hat{\boldsymbol{x}}$ 的各分量可解耦确定为

$$\hat{x}_i = \frac{\int_0^T y(t)h_i(t)\,dt}{\int_0^T [h_i(t)]^2 dt} \tag{1.71}$$

这与式(1.64)、式(1.66)和式(1.67)完全一致。

参考文献

[1] GAUSS K F. Theory of the motion of the heavenly bodies moving about the sun in conic sections: A translation of theoria motus [M]. New York: Dover Publications, 1963.

[2] STROBACH P. Linear prediction theory[M]. Berlin: Springer - Verlag, 1990.

[3] STRANG G. Linear algebra and its applications[M]. Fort Worth: Saunders College Publishing, 1988.

[4] GOLUB G H, Van Loan C F. Matrix computations[M]. 3rd ed. Baltimore: The Johns Hopkins University Press, 1996.

[5] HORN R A, Johnson C R. Matrix analysis[M]. Cambridge: Cambridge University Press, 1985.

[6] STEWART G W. Introduction tomatrix computations[M]. New York: Academic Press, 1973.

[7] SNAY R A. Applicability of array algebra[J]. Reviews of Geophysics and Space Physics, 1978, 16(3): 459 - 464.

[8] MIRSKY L. An introduction to linear algebra[M]. New York: Dover Publications, 1990.

[9] SVESHNIKOV A A. Problems in probability theory, mathematical statistics and theory of random functions[M]. New York: Dover Publications, 1978.

[10] CHIHARA T S. An introduction to orthogonal polynomials[M]. New York：Gordan and Breach Science Publishers，1978.

[11] DATTA K B, Mohan B M. Orthogonalfunctions in systems and control[M]. Singapore：World Scientific，1995.

[12] TOLSTOV G P. Fourier series[M]. New York：Dover Publications，1972.

[13] GASQUET C，Witomski P. Fourier analysis and applications：Filtering，numerical computations，wavelets[M]. New York：Springer-Verlag，1978.

[14] ABRAMOWITZ M，STEGUN I A. Handbook of mathematical functions with formulas，graphs and mathematical tables [M]. Washington：National Bureau of Standards，1964.

[15] LEDERMANN W. Handbook of applicable mathematics：Analysis[M]. New York：John Wiley & Sons，1982.

[16] CRASSIDIS J L，Junkins J L. Optimal estimation of dynamic systems[M]. 2nd ed. Boca Raton：CRC Press，2012.

[17] STRUTZ T. Data fitting and uncertainty：A practical introduction to weighted least squares and beyond[M]. Wiesbaden：Vieweg+Teubner Verlag，2011.

第 2 章　加权最小二乘

2.1　加权问题的提出

对于第 1 章提出的最小二乘估计，在实际应用中可能出现如下的问题。

示例 2.1　考虑匀速运动估计问题，目标初始的位置和速度分别 x_1(m) 和 x_2(m/s)；100s 观测到目标的位置和速度分别 y_1(m) 和 y_2(m/s)，则量测矩阵为 $\boldsymbol{H}=\begin{bmatrix}1 & 100\\0 & 1\end{bmatrix}$，相应的最小二乘估计为 $\begin{bmatrix}\hat{x}_1\\\hat{x}_2\end{bmatrix}=\begin{bmatrix}1 & 100\\100 & 1\,001\end{bmatrix}^{-1}\begin{bmatrix}1 & 0\\100 & 1\end{bmatrix}\begin{bmatrix}y_1\\y_2\end{bmatrix}$。如果采用 km 和 km/h 度量位置和速度，则量测矩阵为 $\boldsymbol{H}=\begin{bmatrix}1 & 1/36\\0 & 1\end{bmatrix}$，相应最小二乘估计化为以 m 和 m/s 为位置和速度单位后，可得 $\begin{bmatrix}\hat{x}_1\\\hat{x}_2\end{bmatrix}=\begin{bmatrix}1\,000 & 0\\0 & 1/3.6\end{bmatrix}\begin{bmatrix}1 & 1/36\\1/36 & 1+1/1\,296\end{bmatrix}^{-1}\begin{bmatrix}1 & 0\\1/36 & 1\end{bmatrix}\begin{bmatrix}y_1/1\,000\\3.6y_2\end{bmatrix}$。显然两种估计是不等价的。一般来说，选择量纲考虑的是数值稳定性，比如采用第一种量纲，估计在矩阵求逆时更容易病态；采用第二种量纲，没有出现矩阵求逆的病态问题。这里发现：原始数据 $\boldsymbol{y}$ 的各分量如果因不同物理含义而具有不同量纲，则选用不同的量纲会导致不同的估计结果。也就是说，最小二乘估计是量纲敏感的。

示例 2.2　最小二乘估计指标是量测每一个分量拟合误差二次方之和。如果量测各分量拟合误差的大小具有很大差异，比如 y_1 的拟合误差在 100 左右，y_2 的拟合误差在 10 左右，则两者在指标中相对的比值大致是 100∶1。此时，y_2 的拟合误差对指标 J 的贡献几乎可以忽略。也就是说，最小二乘估计将实际上仅仅在拟合 y_1，对 y_2 的拟合已经失效。由此可以得到结论：最小二乘估计使用中，对量测各分量的拟合误差应该在一个数量级，以避免对部分量测分量拟合的失效。

示例 2.3　最小二乘估计指标是量测各分量拟合误差二次方之和。对于示例 2.1，有 $J=(y_1-\boldsymbol{h}_1\hat{\boldsymbol{x}})^2+(y_2-\boldsymbol{h}_2\hat{\boldsymbol{x}})^2$，其中 $\boldsymbol{h}_1$ 和 $\boldsymbol{h}_2$ 分别为 $\boldsymbol{H}$ 的第一行和第二行。也就是说，量测各分量拟合在形式上是平等的。如果拟合对某些量测分量更为倚重，目前的性能指标无能为力。如果更关注对位置的拟合能力，一种方式是改变量测，用 $10y_1$ 替代 y_1，则指标 $J=100\times(y_1-\boldsymbol{h}_1\hat{\boldsymbol{x}})^2+(y_2-\boldsymbol{h}_2\hat{\boldsymbol{x}})^2$。由此可以得到结论：缩放量测作为替代量测会带来不同的估计结果。

上述三个示例表明：在运用第 1 章所给的最小二乘估计时，量测模型式(1.13)是需要精细设计和调整的。对于给定的量测模型式(1.13)，如果在等式两边左乘满秩方阵 $\boldsymbol{M}$，则得到完全等价的量测模型：

$$\bar{y} = \bar{H}x + \bar{v} \tag{2.1}$$

式中，$\bar{y} = My$；$\bar{H} = MH$；$\bar{v} = Mv$。如果对 $\bar{y}$ 采用线性最小二乘估计，则拟合性能指标变为

$$\bar{J} = \frac{1}{2}(\bar{y} - \bar{H}\hat{x})^{\mathrm{T}}(\bar{y} - \bar{H}\hat{x}) = \frac{1}{2}(y - H\hat{x})^{\mathrm{T}}W(y - H\hat{x}) \tag{2.2}$$

式中，$W = M^{\mathrm{T}}M$。对比式(1.15)，量测模型做线性变换引起了性能指标的变化，进而造成估计结果的变化，除非 W 等于单位矩阵乘以非零正数(即所有量测以相同比例缩放)。如果对量测每个分量缩放，其中第 i 个分量放大 m_i 倍，则满秩方阵 M 为对角矩阵，其第 i 个对角元素是 m_i。与之相应，W 为对角正定矩阵，其第 i 个对角元素 $w_i = m_i^2$。式(2.2)可以写成量测各分量拟合误差二次方的加权和形式：

$$\bar{J} = \frac{1}{2}\sum_i w_i (y_i - h_i\hat{x})^2 \tag{2.3}$$

式中，y_i 为 y 的第 i 个分量；h_i 为 H 的第 i 行。式(2.3)给我们的启示是：缩放量测等价于改变拟合误差的权重。也就是说，给定量测模型式(1.13)，可以选择合适的 W，就能消除量纲影响，保证量测每个分量都得到拟合，确定量测分量不同的拟合优先级别。

2.2　加权最小二乘估计方法

最小化性能指标式(2.2)，可得加权最小二乘估计需要满足的条件：

$$\nabla_{\hat{x}} J = H^{\mathrm{T}}WH\hat{x} - H^{\mathrm{T}}Wy = 0 \tag{2.4}$$

且

$$\nabla_{\hat{x}}^2 J = H^{\mathrm{T}}WH \text{ 正定} \tag{2.5}$$

由此可得

$$\hat{x} = (H^{\mathrm{T}}WH)^{-1}H^{\mathrm{T}}Wy \tag{2.6}$$

例 2.1　考虑示例 1.1，假设已知前三个量测比其他量测更精确(实际上，前三个数据的量测误差为 0)。那么可以采用加权最小二乘估计，其对角化权重矩阵 $W = \mathrm{diag}\{w, w, w, 1, \cdots, 1\}$。采用模型 1 和前 31 个量测数据，得到不同加权值的最优估计结果见表 2.1。随着 w 的不断增大，前三个量测在拟合中被赋予更大的影响，参数估计越来越接近真值(1,1,2)，拟合误差显著减小。也就是说，量测精度高的数据应该赋予更大的权重。

2.3　线性等式约束下的最小二乘估计

设式(1.13)中的原始观测可以被分为不精确量测 y_1 和精确量测 y_2 两个部分，即

$$\begin{bmatrix} y_1 \\ \hdashline y_2 \end{bmatrix} = \begin{bmatrix} H_1 \\ \hdashline H_2 \end{bmatrix} x + \begin{bmatrix} e_1 \\ \hdashline 0 \end{bmatrix} \tag{2.7}$$

或等价形式

$$\left.\begin{aligned} y_1 &= H_1 x + e_1 \\ y_2 &= H_2 x \end{aligned}\right\} \tag{2.8}$$

式中，y_1 为 m_1 维向量，来自于不精确的信源；y_2 为 m_2 维向量，代表了确定性的约束。

表 2.1　不同加权值的最优估计结果

w	$\hat{\boldsymbol{x}}$
1×10^0	(1.027 8, 0.875 0, 1.988 4)
1×10^1	(1.038 8, 0.867 5, 2.001 8)
1×10^2	(1.025 8, 0.892 3, 2.004 9)
1×10^5	(0.904 7, 1.094 9, 2.000 0)
1×10^7	(0.906 0, 1.094 3, 2.000 0)
1×10^{10}	(0.993 2, 1.006 8, 2.000 0)
1×10^{15}	(0.997 0, 1.003 0, 2.000 0)

式(2.7)的加权最小二乘估计可以表示为

$$J=\frac{1}{2}\boldsymbol{e}_1^{\mathrm{T}}\boldsymbol{W}_1\boldsymbol{e}_1=\frac{1}{2}(\boldsymbol{y}_1-\boldsymbol{H}_1\hat{\boldsymbol{x}})^{\mathrm{T}}\boldsymbol{W}_1(\boldsymbol{y}_1-\boldsymbol{H}_1\hat{\boldsymbol{x}}) \tag{2.9}$$

且满足约束

$$\boldsymbol{y}_2-\boldsymbol{H}_2\hat{\boldsymbol{x}}=0 \tag{2.10}$$

使用拉格朗日乘子法,可得增广函数

$$J=\frac{1}{2}[\boldsymbol{y}_1^{\mathrm{T}}\boldsymbol{W}_1\boldsymbol{y}_1-2\boldsymbol{y}_1^{\mathrm{T}}\boldsymbol{W}_1\boldsymbol{H}_1\hat{\boldsymbol{x}}+\hat{\boldsymbol{x}}^{\mathrm{T}}(\boldsymbol{H}_1^{\mathrm{T}}\boldsymbol{W}_1\boldsymbol{H}_1)\hat{\boldsymbol{x}}]+\boldsymbol{\lambda}^{\mathrm{T}}(\boldsymbol{y}_2-\boldsymbol{H}_2\hat{\boldsymbol{x}}) \tag{2.11}$$

式中,拉格朗日乘子 $\boldsymbol{\lambda}$ 为 m_2 维向量。在约束式(2.10)下最小化式(2.9)等价于增广函数关于估计和拉格朗日乘子的偏导为零,即

$$\nabla_{\hat{x}}J=-\boldsymbol{H}_1^{\mathrm{T}}\boldsymbol{W}_1\boldsymbol{y}_1+(\boldsymbol{H}_1^{\mathrm{T}}\boldsymbol{W}_1\boldsymbol{H}_1)\hat{\boldsymbol{x}}-\boldsymbol{H}_2^{\mathrm{T}}\boldsymbol{\lambda}=0 \tag{2.12}$$

和

$$\nabla_{\lambda}J=\boldsymbol{y}_2-\boldsymbol{H}_2\hat{\boldsymbol{x}}=0,\ \rightarrow\ \boldsymbol{y}_2=\boldsymbol{H}_2\hat{\boldsymbol{x}} \tag{2.13}$$

由式(2.12),得

$$\hat{\boldsymbol{x}}=(\boldsymbol{H}_1^{\mathrm{T}}\boldsymbol{W}_1\boldsymbol{H}_1)^{-1}\boldsymbol{H}_1^{\mathrm{T}}\boldsymbol{W}_1\boldsymbol{y}_1+(\boldsymbol{H}_1^{\mathrm{T}}\boldsymbol{W}_1\boldsymbol{H}_1)^{-1}\boldsymbol{H}_2^{\mathrm{T}}\boldsymbol{\lambda} \tag{2.14}$$

将式(2.14)代入式(2.13),得拉格朗日乘子的解为

$$\boldsymbol{\lambda}=[\boldsymbol{H}_2(\boldsymbol{H}_1^{\mathrm{T}}\boldsymbol{W}_1\boldsymbol{H}_1)^{-1}\boldsymbol{H}_2^{\mathrm{T}}]^{-1}[\boldsymbol{y}_2-\boldsymbol{H}_2(\boldsymbol{H}_1^{\mathrm{T}}\boldsymbol{W}_1\boldsymbol{H}_1)^{-1}\boldsymbol{H}_1^{\mathrm{T}}\boldsymbol{W}_1\boldsymbol{y}_1] \tag{2.15}$$

将式(2.15)代入式(2.14),得

$$\hat{\boldsymbol{x}}=\bar{\boldsymbol{x}}+\boldsymbol{K}(\boldsymbol{y}_2-\boldsymbol{H}_2\bar{\boldsymbol{x}}) \tag{2.16}$$

式中

$$\bar{\boldsymbol{x}}=(\boldsymbol{H}_1^{\mathrm{T}}\boldsymbol{W}_1\boldsymbol{H}_1)^{-1}\boldsymbol{H}_1^{\mathrm{T}}\boldsymbol{W}_1\boldsymbol{y}_1 \tag{2.17}$$

$$\boldsymbol{K}=(\boldsymbol{H}_1^{\mathrm{T}}\boldsymbol{W}_1\boldsymbol{H}_1)^{-1}\boldsymbol{H}_2^{\mathrm{T}}[\boldsymbol{H}_2(\boldsymbol{H}_1^{\mathrm{T}}\boldsymbol{W}_1\boldsymbol{H}_1)^{-1}\boldsymbol{H}_2^{\mathrm{T}}]^{-1} \tag{2.18}$$

式(2.16)表明:式(2.8)形式的有约束最小二乘估计等价于无约束情况下最小二乘估计式(2.17)向约束空间的修正。

对于 $m_2=n$ 的特殊情形，$\boldsymbol{H}_2$ 为方阵，式(2.18) 等价于

$$\boldsymbol{K}=\boldsymbol{H}_2^{-1} \tag{2.19}$$

故得，约束最小二乘估计为

$$\hat{\boldsymbol{x}}=\boldsymbol{H}_2^{-1}\boldsymbol{y}_2=\boldsymbol{x} \tag{2.20}$$

此时估计只取决于精确的量测 $\boldsymbol{y}_2$ 和矩阵 $\boldsymbol{H}_2$，即约束信息。这是因为由约束可以完全准确确定待估计量，此情况下不精确量测 $\boldsymbol{y}_1$ 对估计没有任何作用。

2.4　序贯最小二乘估计

在前面章节中，量测是作为一个向量加以处理的，这意味着量测数据需要收集完成后一次性处理。对于大规模的数据，这对其存储和及时处理都是不利的。如果量测数据是先后到达的，则希望发展一种处理算法，不断根据最新量测修正已有的估计结果，这就是估计算法的序贯实现。

对于量测模型式(1.13)，将量测数据分为已经处理和需要处理的两部分：

$$\boldsymbol{y}=\begin{bmatrix}\boldsymbol{y}_1\\ \hdashline \boldsymbol{y}_2\end{bmatrix},\quad \boldsymbol{H}=\begin{bmatrix}\boldsymbol{H}_1\\ \hdashline \boldsymbol{H}_2\end{bmatrix},\quad \boldsymbol{v}=\begin{bmatrix}\boldsymbol{v}_1\\ \hdashline \boldsymbol{v}_2\end{bmatrix} \tag{2.21}$$

相应的对角加权矩阵也写成为分块形式：

$$\boldsymbol{W}=\begin{bmatrix}\boldsymbol{W}_1 & 0\\ 0 & \boldsymbol{W}_2\end{bmatrix} \tag{2.22}$$

对于已经处理的量测向量 $\boldsymbol{y}_1$，其加权最小二乘估计为

$$\hat{\boldsymbol{x}}_1=(\boldsymbol{H}_1^{\mathrm{T}}\boldsymbol{W}_1\boldsymbol{H}_1)^{-1}\boldsymbol{H}_1^{\mathrm{T}}\boldsymbol{W}_1\boldsymbol{y}_1 \tag{2.23}$$

式中，$\boldsymbol{H}_1$ 为列满秩，以保证式(2.23) 矩阵求逆的唯一性。

对于所有量测组成的向量 $\boldsymbol{y}$，其加权最小二乘估计为

$$\hat{\boldsymbol{x}}=(\boldsymbol{H}^{\mathrm{T}}\boldsymbol{W}\boldsymbol{H})^{-1}\boldsymbol{H}^{\mathrm{T}}\boldsymbol{W}\boldsymbol{y}=[\boldsymbol{H}_1^{\mathrm{T}}\boldsymbol{W}_1\boldsymbol{H}_1+\boldsymbol{H}_2^{\mathrm{T}}\boldsymbol{W}_2\boldsymbol{H}_2]^{-1}(\boldsymbol{H}_1^{\mathrm{T}}\boldsymbol{W}_1\boldsymbol{y}_1+\boldsymbol{H}_2^{\mathrm{T}}\boldsymbol{W}_2\boldsymbol{y}_2) \tag{2.24}$$

令

$$\boldsymbol{P}_1=[\boldsymbol{H}_1^{\mathrm{T}}\boldsymbol{W}_1\boldsymbol{H}_1]^{-1} \tag{2.25}$$

$$\boldsymbol{P}=[\boldsymbol{H}_1^{\mathrm{T}}\boldsymbol{W}_1\boldsymbol{H}_1+\boldsymbol{H}_2^{\mathrm{T}}\boldsymbol{W}_2\boldsymbol{H}_2]^{-1} \tag{2.26}$$

则式(2.24) 具有如下等价形式：

$$\hat{\boldsymbol{x}}=\hat{\boldsymbol{x}}_1+\boldsymbol{K}(\boldsymbol{y}_2-\boldsymbol{H}_2\hat{\boldsymbol{x}}_1) \tag{2.27}$$

式中

$$\hat{\boldsymbol{x}}_1=\boldsymbol{P}_1\boldsymbol{H}_1^{\mathrm{T}}\boldsymbol{W}_1\boldsymbol{y}_1 \tag{2.28}$$

$$\boldsymbol{K}=\boldsymbol{P}\boldsymbol{H}_2^{\mathrm{T}}\boldsymbol{W}_2 \tag{2.29}$$

如果把 $\boldsymbol{y}_1$ 看作是前 k 次估计所用到的量测，把 $\boldsymbol{y}_2$ 看作是第 $k+1$ 次估计所用的新量测，用 $\hat{\boldsymbol{x}}_k$ 表示第 k 次估计，则式(2.27) 可写成如下形式：

$$\hat{\boldsymbol{x}}_{k+1}=\hat{\boldsymbol{x}}_k+\boldsymbol{K}_{k+1}(\boldsymbol{y}_{k+1}-\boldsymbol{H}_{k+1}\hat{\boldsymbol{x}}_k) \tag{2.30}$$

式中

$$\boldsymbol{K}_{k+1}=\boldsymbol{P}_{k+1}\boldsymbol{H}_{k+1}^{\mathrm{T}}\boldsymbol{W}_{k+1} \tag{2.31}$$

$$\boldsymbol{P}_{k+1}^{-1}=\boldsymbol{P}_{k}^{-1}+\boldsymbol{H}_{k+1}^{\mathrm{T}}\boldsymbol{W}_{k+1}\boldsymbol{H}_{k+1} \tag{2.32}$$

式(2.30) 的含义是:给定基于历史信息的估计 $\hat{\boldsymbol{x}}_k$,预报第 $k+1$ 个量测,用由此形成的量测预报偏差修正 $\hat{\boldsymbol{x}}_k$ 即可获得新的估计。将式(2.30) 重写为

$$\hat{\boldsymbol{x}}_{k+1}=(\boldsymbol{I}-\boldsymbol{K}_{k+1}\boldsymbol{H}_{k+1})\hat{\boldsymbol{x}}_k+\boldsymbol{K}_{k+1}\boldsymbol{y}_{k+1} \tag{2.33}$$

我们发现:尽管待估计量 $\boldsymbol{x}$ 是时不变的,上述序贯处理算法实际上是一个关于估计的线性时变动态系统,可用线性系统分析工具检验其稳定性、动态响应时间等性能。对于 $\boldsymbol{x}$ 动态演化的情况,动态系统线性递推估计,如卡尔曼滤波,也采用式(2.30) 的形式。

另外,根据矩阵求逆公式

$$(\boldsymbol{A}+\boldsymbol{BCD})^{-1}=\boldsymbol{A}^{-1}-\boldsymbol{A}^{-1}\boldsymbol{B}(\boldsymbol{DA}^{-1}\boldsymbol{B}+\boldsymbol{C}^{-1})^{-1}\boldsymbol{DA}^{-1} \tag{2.34}$$

式(2.31) 和式(2.32) 还有如下等价形式:

$$\boldsymbol{K}_{k+1}=\boldsymbol{P}_k\boldsymbol{H}_{k+1}^{\mathrm{T}}(\boldsymbol{H}_{k+1}\boldsymbol{P}_k\boldsymbol{H}_{k+1}^{\mathrm{T}}+\boldsymbol{W}_{k+1}^{-1})^{-1}(\boldsymbol{W}_{k+1}^{-1}+\boldsymbol{H}_{k+1}\boldsymbol{P}_k\boldsymbol{H}_{k+1}^{\mathrm{T}}-\boldsymbol{H}_{k+1}\boldsymbol{P}_k\boldsymbol{H}_{k+1}^{\mathrm{T}})\boldsymbol{W}_{k+1} \tag{2.35}$$

$$\boldsymbol{P}_{k+1}=\boldsymbol{P}_k-\boldsymbol{P}_k\boldsymbol{H}_{k+1}^{\mathrm{T}}(\boldsymbol{H}_{k+1}\boldsymbol{P}_k\boldsymbol{H}_{k+1}^{\mathrm{T}}+\boldsymbol{W}_{k+1}^{-1})^{-1}\boldsymbol{H}_{k+1}\boldsymbol{P}_k \tag{2.36}$$

或

$$\boldsymbol{K}_{k+1}=\boldsymbol{P}_k\boldsymbol{H}_{k+1}^{\mathrm{T}}(\boldsymbol{H}_{k+1}\boldsymbol{P}_k\boldsymbol{H}_{k+1}^{\mathrm{T}}+\boldsymbol{W}_{k+1}^{-1})^{-1} \tag{2.37}$$

$$\boldsymbol{P}_{k+1}=(\boldsymbol{I}-\boldsymbol{K}_{k+1}\boldsymbol{H}_{k+1})\boldsymbol{P}_k \tag{2.38}$$

序贯最小二乘估计运算涉及初始值。如果能确定待估计量的取值范围,则可以赋予均匀分布或者正态分布,然后计算出分布的均值和协方差作为初始估计值 $\hat{\boldsymbol{x}}_0$ 和 $\boldsymbol{P}_0$。更常见的办法是由 k 时刻以前的量测数据,采用标准最小二乘估计的批处理方式获得 $\hat{\boldsymbol{x}}_k$ 和 $\boldsymbol{P}_k$,然后就可以采用序贯处理。上述做法需要收集足够数量的量测保证估计的可解性,如果用一个量测初始化估计,可采用经验公式:

$$\hat{\boldsymbol{x}}_1=\boldsymbol{P}_1\left[\frac{1}{\alpha}\boldsymbol{\beta}+\boldsymbol{H}_1^{\mathrm{T}}\boldsymbol{W}_1\boldsymbol{y}_1\right] \tag{2.39}$$

$$\boldsymbol{P}_1=\left[\frac{1}{\alpha^2}\boldsymbol{I}+\boldsymbol{H}_1^{\mathrm{T}}\boldsymbol{W}_1\boldsymbol{H}_1\right]^{-1} \tag{2.40}$$

式中,α 一般为很大的正数,代表几乎没有先验信息;$\boldsymbol{\beta}$ 为 $\boldsymbol{x}$ 的猜测值,如果完全无从猜测,通常取零向量。不同 α 和 $\boldsymbol{\beta}$ 的取值会带来不同估计,不过随着数据的累加,猜测的影响逐渐可以忽略,即随着量测数据的增加,估计结果逐渐与估计初值无关。

例 2.2 在例 1.2 中,采用批估计最小二乘法估计一个简单动态系统的参数。现在仍以该系统为对象,利用序贯最小二乘法来确定系统参数。用式(2.39) 和式(2.40) 初始化估计过程,并令 $\alpha=1\times10^3$,$\boldsymbol{\beta}=[1\times10^{-2},1\times10^{-2}]^{\mathrm{T}}$。量测误差由一个零均值、标准差 $\sigma=0.08$ 的高斯白噪声模拟。计算得到 $\boldsymbol{P}_1$ 和 $\hat{\boldsymbol{x}}_1$ 的初始值为

$$\hat{\boldsymbol{x}}_1=\begin{bmatrix}10.010\\0.014\end{bmatrix},\quad \boldsymbol{P}_1=\begin{bmatrix}1.000\times10^6 & 1.038\times10^3\\1.038\times10^3 & 1.077\times10^0\end{bmatrix}$$

估计值 $\hat{\boldsymbol{x}}_k$ 和 $\boldsymbol{P}_k$ 的对角元素变化曲线如图 2.1 所示。可见，估计过程很快收敛到真实值附近，尽管估计初始值$\hat{\boldsymbol{x}}_1$ 与实际值相去甚远。

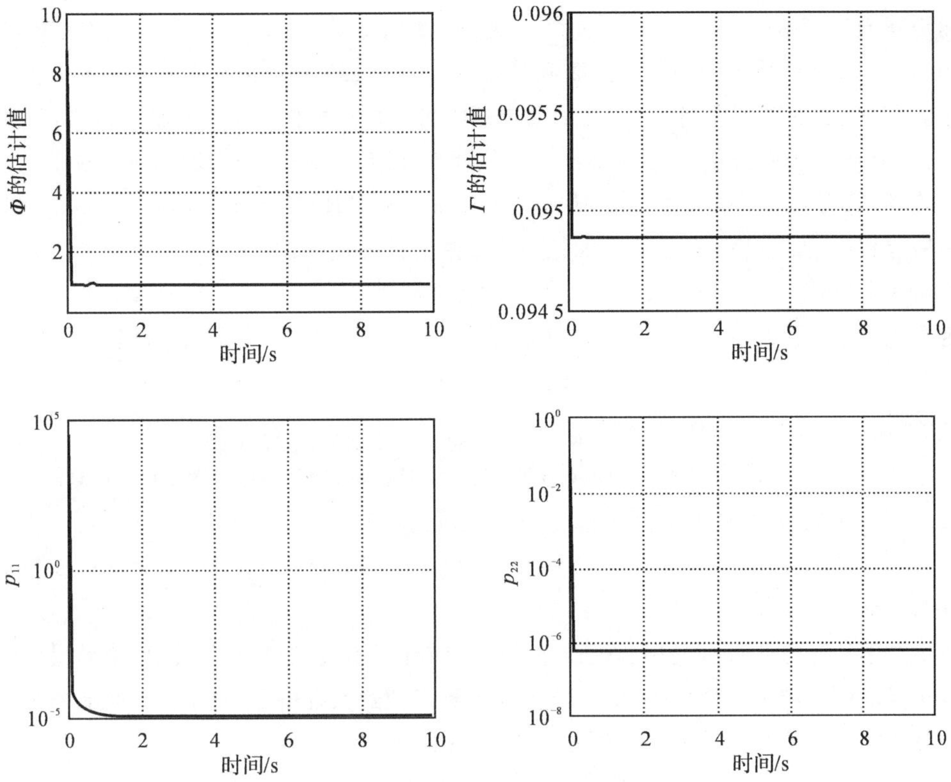

图 2.1　估计值和 $\boldsymbol{P}_k$ 的对角元素变化曲线

2.5　加权矩阵的选择

下面研究哪些加权矩阵对应相同的估计。

对于加权矩阵 $\boldsymbol{W}$，对应估计为 $\hat{\boldsymbol{x}}$。如果其所有元素乘以标量 α 得到新的加权矩阵，即

$$\boldsymbol{W}' = \alpha \boldsymbol{W} \tag{2.41}$$

则有相应的加权估计：

$$\hat{\boldsymbol{x}}' = \frac{1}{\alpha}(\boldsymbol{H}^{\mathrm{T}}\boldsymbol{W}\boldsymbol{H})^{-1}\boldsymbol{H}^{\mathrm{T}}(\alpha\boldsymbol{W})\boldsymbol{y} = (\boldsymbol{H}^{\mathrm{T}}\boldsymbol{W}\boldsymbol{H})^{-1}\boldsymbol{H}^{\mathrm{T}}\boldsymbol{W}\boldsymbol{y} = \hat{\boldsymbol{x}} \tag{2.42}$$

即整体缩放加权矩阵不会改变估计。

对于加权矩阵 $\boldsymbol{W}$，加上非零矩阵 $\Delta\boldsymbol{W}$ 得到新的加权矩阵，即

$$\boldsymbol{W}'' = \boldsymbol{W} + \Delta\boldsymbol{W} \tag{2.43}$$

则有相应的加权估计：

$$\hat{\boldsymbol{x}}'' = [\boldsymbol{H}^{\mathrm{T}}\boldsymbol{W}\boldsymbol{H} + (\boldsymbol{H}^{\mathrm{T}}\Delta\boldsymbol{W})\boldsymbol{H}]^{-1}[\boldsymbol{H}^{\mathrm{T}}\boldsymbol{W}\boldsymbol{y} + (\boldsymbol{H}^{\mathrm{T}}\Delta\boldsymbol{W})\boldsymbol{y}] \tag{2.44}$$

如果 $\Delta\boldsymbol{W}$ 为量测矩阵 $\boldsymbol{H}$ 的左零矩阵，即

$$\boldsymbol{H}^{\mathrm{T}}\Delta\boldsymbol{W}=0 \tag{2.45}$$

则有

$$\hat{\boldsymbol{x}}''=(\boldsymbol{H}^{\mathrm{T}}\boldsymbol{W}\boldsymbol{H})^{-1}\boldsymbol{H}^{\mathrm{T}}\boldsymbol{W}\boldsymbol{y}=\hat{\boldsymbol{x}} \tag{2.46}$$

当量测矩阵 $\boldsymbol{H}$ 为满秩方阵时,$\Delta\boldsymbol{W}$ 只有为零矩阵时才能使得式(2.45)成立。一般情况下,量测矩阵 $\boldsymbol{H}$ 为扁矩阵(行数大于列数),此时满足式(2.45)的 $\Delta\boldsymbol{W}$ 解有无穷多。

例 2.3 与最小二乘估计相比,增加权重矩阵可以提高加权最小二乘估计的适用性吗?

解:对于 m 维未知矢量 $\boldsymbol{x}$,如果最小二乘估计不适用,即 $\mathrm{rank}(\boldsymbol{H}^{\mathrm{T}}\boldsymbol{H})<m$,对于任何一个权重矩阵 $\boldsymbol{W}$,都有 $\mathrm{rank}(\boldsymbol{W}\boldsymbol{H})\leqslant\mathrm{rank}(\boldsymbol{H})$,因而 $\mathrm{rank}(\boldsymbol{H}^{\mathrm{T}}\boldsymbol{W}\boldsymbol{H})\leqslant\mathrm{rank}(\boldsymbol{H}^{\mathrm{T}}\boldsymbol{H})<m$。因此与最小二乘估计相比,加权矩阵不能提高加权最小二乘估计的适用性。

下面几个定理给出了加权最小二乘估计的性能特性。

定理 2.1 如果 $\mathrm{E}(\boldsymbol{v})=0$,那么 $\boldsymbol{x}$ 的加权最小二乘估计 $\hat{\boldsymbol{x}}_{\mathrm{WLS}}$ 是无偏的,即

$$\mathrm{E}(\hat{\boldsymbol{x}}_{\mathrm{WLS}})=\mathrm{E}(\boldsymbol{x}) \tag{2.47}$$

证明:加权最小二乘估计误差为

$$\tilde{\boldsymbol{x}}_{\mathrm{WLS}}=\boldsymbol{x}-\hat{\boldsymbol{x}}_{\mathrm{WLS}}=\boldsymbol{x}-(\boldsymbol{H}^{\mathrm{T}}\boldsymbol{W}\boldsymbol{H})^{-1}\boldsymbol{H}^{\mathrm{T}}\boldsymbol{W}(\boldsymbol{H}\boldsymbol{x}+\boldsymbol{v})=-(\boldsymbol{H}^{\mathrm{T}}\boldsymbol{W}\boldsymbol{H})^{-1}\boldsymbol{H}^{\mathrm{T}}\boldsymbol{W}\boldsymbol{v} \tag{2.48}$$

对式(2.48)两端取数学期望,并考虑到 $\mathrm{E}(\boldsymbol{v})=0$,则有

$$\mathrm{E}(\tilde{\boldsymbol{x}}_{\mathrm{WLS}})=-(\boldsymbol{H}^{\mathrm{T}}\boldsymbol{W}\boldsymbol{H})^{-1}\boldsymbol{H}^{\mathrm{T}}\boldsymbol{W}\mathrm{E}(\boldsymbol{v})=0 \tag{2.49}$$

证明完毕。

最小二乘估计方法没有利用建模误差的统计特性。不过,定理 2.1 表明:建模误差的零均值特性将保证估计的无偏性。也就是说,消除观测模型的系统偏差,对于估计是有益的。

定理 2.2 如果 $\boldsymbol{R}=\mathrm{E}(\boldsymbol{v}\boldsymbol{v}^{\mathrm{T}})$,则估计误差外积期望为

$$\mathrm{E}(\tilde{\boldsymbol{x}}_{\mathrm{WLS}}\tilde{\boldsymbol{x}}_{\mathrm{WLS}}^{\mathrm{T}})=(\boldsymbol{H}^{\mathrm{T}}\boldsymbol{W}\boldsymbol{H})^{-1}\boldsymbol{H}^{\mathrm{T}}\boldsymbol{W}\boldsymbol{R}\boldsymbol{W}\boldsymbol{H}(\boldsymbol{H}^{\mathrm{T}}\boldsymbol{W}\boldsymbol{H})^{-1} \tag{2.50}$$

证明:根据式(2.48),利用期望运算的线性性质,有

$$\begin{aligned}\mathrm{E}(\tilde{\boldsymbol{x}}_{\mathrm{WLS}}\tilde{\boldsymbol{x}}_{\mathrm{WLS}}^{\mathrm{T}})&=(\boldsymbol{H}^{\mathrm{T}}\boldsymbol{W}\boldsymbol{H})^{-1}\boldsymbol{H}^{\mathrm{T}}\boldsymbol{W}\mathrm{E}(\boldsymbol{v}\boldsymbol{v}^{\mathrm{T}})\boldsymbol{W}^{\mathrm{T}}\boldsymbol{H}(\boldsymbol{H}^{\mathrm{T}}\boldsymbol{W}^{\mathrm{T}}\boldsymbol{H})^{-1}=\\&(\boldsymbol{H}^{\mathrm{T}}\boldsymbol{W}\boldsymbol{H})^{-1}\boldsymbol{H}^{\mathrm{T}}\boldsymbol{W}\boldsymbol{R}\boldsymbol{W}\boldsymbol{H}(\boldsymbol{H}^{\mathrm{T}}\boldsymbol{W}\boldsymbol{H})^{-1}\end{aligned} \tag{2.51}$$

证明完毕。

估计误差外积期望是方阵,其第 i 行第 j 列元素表征了向量估计误差在第 i 个分量和第 j 个分量的相关性,第 i 个对角元素表征了向量估计误差在第 i 个分量的二次方。估计误差外积的期望可进一步写成

$$\mathrm{E}(\tilde{\boldsymbol{x}}_{\mathrm{WLS}}\tilde{\boldsymbol{x}}_{\mathrm{WLS}}^{\mathrm{T}})=\mathrm{E}(\tilde{\boldsymbol{x}}_{\mathrm{WLS}})(\mathrm{E}(\tilde{\boldsymbol{x}}_{\mathrm{WLS}}))^{\mathrm{T}}+\mathrm{E}((\tilde{\boldsymbol{x}}_{\mathrm{WLS}}-\mathrm{E}(\tilde{\boldsymbol{x}}_{\mathrm{WLS}}))(\tilde{\boldsymbol{x}}_{\mathrm{WLS}}-\mathrm{E}(\tilde{\boldsymbol{x}}_{\mathrm{WLS}}))^{\mathrm{T}}) \tag{2.52}$$

式(2.52)右端第一项表征了估计有偏性对估计精度的影响,第二项为估计误差协方差。当估计无偏时,即 $\mathrm{E}(\tilde{\boldsymbol{x}}_{\mathrm{WLS}})=0$,估计误差外积期望等价于估计误差协方差。

估计误差内积期望 $\mathrm{E}(\tilde{\boldsymbol{x}}_{\mathrm{WLS}}^{\mathrm{T}}\tilde{\boldsymbol{x}}_{\mathrm{WLS}})$(也称估计均方误差)是个标量,常用来评价估计的整体精度。根据迹运算规则,有

$$\mathrm{E}(\tilde{\boldsymbol{x}}_{\mathrm{WLS}}^{\mathrm{T}}\tilde{\boldsymbol{x}}_{\mathrm{WLS}})=\mathrm{Tr}\{\mathrm{E}(\tilde{\boldsymbol{x}}_{\mathrm{WLS}}^{\mathrm{T}}\tilde{\boldsymbol{x}}_{\mathrm{WLS}})\}=\mathrm{Tr}\{\mathrm{E}(\tilde{\boldsymbol{x}}_{\mathrm{WLS}}\tilde{\boldsymbol{x}}_{\mathrm{WLS}}^{\mathrm{T}})\} \tag{2.53}$$

也即估计误差内积期望等于估计误差外积期望对角元素之和。

定理 2.3　如果 $\boldsymbol{R}=\mathrm{E}(\boldsymbol{v}\boldsymbol{v}^{\mathrm{T}})$，则当 $\boldsymbol{W}=\boldsymbol{R}^{-1}$ 时，估计误差内积期望最小，即

$$\mathrm{E}(\tilde{\boldsymbol{x}}_{\mathrm{WLS}}^{\mathrm{T}}\tilde{\boldsymbol{x}}_{\mathrm{WLS}}) \geqslant \mathrm{E}(\tilde{\boldsymbol{x}}_{\mathrm{WLS}}^{\mathrm{T}}\tilde{\boldsymbol{x}}_{\mathrm{WLS}})\big|_{\boldsymbol{W}=\boldsymbol{R}^{-1}} \tag{2.54}$$

与此同时，估计误差外积期望满足：

$$\mathrm{E}(\tilde{\boldsymbol{x}}_{\mathrm{WLS}}\tilde{\boldsymbol{x}}_{\mathrm{WLS}}^{\mathrm{T}}) \geqslant \mathrm{E}(\tilde{\boldsymbol{x}}_{\mathrm{WLS}}\tilde{\boldsymbol{x}}_{\mathrm{WLS}}^{\mathrm{T}})\big|_{\boldsymbol{W}=\boldsymbol{R}^{-1}} \tag{2.55}$$

需要说明的是，式(2.54)是标量比大小，式(2.55)是方阵比大小。式(2.55)意味着不等式左边减去不等式右边为半正定矩阵。

证明：矩阵乘以自身转置总是半正定的，因此构造

$$[\boldsymbol{B}-\boldsymbol{A}^{\mathrm{T}}(\boldsymbol{A}\boldsymbol{A}^{\mathrm{T}})^{-1}\boldsymbol{A}\boldsymbol{B}]^{\mathrm{T}}[\boldsymbol{B}-\boldsymbol{A}^{\mathrm{T}}(\boldsymbol{A}\boldsymbol{A}^{\mathrm{T}})^{-1}\boldsymbol{A}\boldsymbol{B}] \geqslant 0 \tag{2.56}$$

展开式(2.56)，可得 Schwarz 不等式

$$\boldsymbol{B}^{\mathrm{T}}\boldsymbol{B} \geqslant (\boldsymbol{A}\boldsymbol{B})^{\mathrm{T}}(\boldsymbol{A}\boldsymbol{A}^{\mathrm{T}})^{-1}\boldsymbol{A}\boldsymbol{B} \tag{2.57}$$

根据定义，$\boldsymbol{R}$ 为半正定矩阵，一定存在矩阵 $\boldsymbol{S}$ 满足 $\boldsymbol{R}=\boldsymbol{S}^{\mathrm{T}}\boldsymbol{S}$。令 $\boldsymbol{A}=\boldsymbol{H}^{\mathrm{T}}\boldsymbol{S}^{-1}$，$\boldsymbol{B}=\boldsymbol{S}\boldsymbol{W}\boldsymbol{H}(\boldsymbol{H}^{\mathrm{T}}\boldsymbol{W}\boldsymbol{H})^{-1}$，有

$$\boldsymbol{A}\boldsymbol{B}=\boldsymbol{H}^{\mathrm{T}}\boldsymbol{S}^{-1}\boldsymbol{S}\boldsymbol{W}\boldsymbol{H}(\boldsymbol{H}^{\mathrm{T}}\boldsymbol{W}\boldsymbol{H})^{-1}=\boldsymbol{I} \tag{2.58}$$

根据 Schwarz 不等式(2.57)，有

$$\begin{aligned}\mathrm{E}(\tilde{\boldsymbol{x}}_{\mathrm{WLS}}\tilde{\boldsymbol{x}}_{\mathrm{WLS}}^{\mathrm{T}}) &= (\boldsymbol{H}^{\mathrm{T}}\boldsymbol{W}\boldsymbol{H})^{-1}\boldsymbol{H}^{\mathrm{T}}\boldsymbol{W}\boldsymbol{S}^{\mathrm{T}}\boldsymbol{S}\boldsymbol{W}\boldsymbol{H}(\boldsymbol{H}^{\mathrm{T}}\boldsymbol{W}\boldsymbol{H})^{-1}=\boldsymbol{B}^{\mathrm{T}}\boldsymbol{B} \geqslant \\ &(\boldsymbol{A}\boldsymbol{B})^{\mathrm{T}}(\boldsymbol{A}\boldsymbol{A}^{\mathrm{T}})^{-1}\boldsymbol{A}\boldsymbol{B}=(\boldsymbol{A}\boldsymbol{A}^{\mathrm{T}})^{-1}=(\boldsymbol{H}^{\mathrm{T}}\boldsymbol{S}^{-1}\boldsymbol{S}^{-\mathrm{T}}\boldsymbol{H})^{-1}= \\ &(\boldsymbol{H}^{\mathrm{T}}\boldsymbol{R}^{-1}\boldsymbol{H})^{-1}=(\boldsymbol{H}^{\mathrm{T}}\boldsymbol{R}^{-1}\boldsymbol{H})^{-1}\boldsymbol{H}^{\mathrm{T}}\boldsymbol{R}^{-1}\boldsymbol{R}\boldsymbol{R}^{-1}\boldsymbol{H}(\boldsymbol{H}^{\mathrm{T}}\boldsymbol{R}^{-1}\boldsymbol{H})^{-1}= \\ &\mathrm{E}(\tilde{\boldsymbol{x}}_{\mathrm{WLS}}\tilde{\boldsymbol{x}}_{\mathrm{WLS}}^{\mathrm{T}})\big|_{\boldsymbol{W}=\boldsymbol{R}^{-1}}\end{aligned} \tag{2.59}$$

对式(2.59)不等式两端取迹运算，有

$$\mathrm{Tr}\{\mathrm{E}(\tilde{\boldsymbol{x}}_{\mathrm{WLS}}\tilde{\boldsymbol{x}}_{\mathrm{WLS}}^{\mathrm{T}})\} \geqslant \mathrm{Tr}\{\mathrm{E}(\tilde{\boldsymbol{x}}_{\mathrm{WLS}}\tilde{\boldsymbol{x}}_{\mathrm{WLS}}^{\mathrm{T}})\big|_{\boldsymbol{W}=\boldsymbol{R}^{-1}}\} \tag{2.60}$$

根据迹运算规则，有

$$\mathrm{Tr}\{\mathrm{E}(\tilde{\boldsymbol{x}}_{\mathrm{WLS}}\tilde{\boldsymbol{x}}_{\mathrm{WLS}}^{\mathrm{T}})\}=\mathrm{Tr}\{\mathrm{E}(\tilde{\boldsymbol{x}}_{\mathrm{WLS}}^{\mathrm{T}}\tilde{\boldsymbol{x}}_{\mathrm{WLS}})\}=\mathrm{E}(\tilde{\boldsymbol{x}}_{\mathrm{WLS}}^{\mathrm{T}}\tilde{\boldsymbol{x}}_{\mathrm{WLS}}) \tag{2.61}$$

将式(2.61)代入式(2.60)，得到式(2.54)。

证明完毕。

最小二乘估计方法没有利用建模误差的统计特性。不过，定理 2.3 表明：估计精度与权重设计密切相关。如果能够获悉建模误差的二阶矩 $\boldsymbol{R}=\mathrm{E}(\boldsymbol{v}\boldsymbol{v}^{\mathrm{T}})$，则获得最精确估计的权重为 $\boldsymbol{R}^{-1}$。也就是说，提供关于建模误差的精度信息对于获得最精确的估计是必要的。值得注意的是，这里并不要求建模误差是零均值的，因为 $\boldsymbol{R}=\mathrm{E}(\boldsymbol{v}-\mathrm{E}\boldsymbol{v})(\boldsymbol{v}-\mathrm{E}\boldsymbol{v})^{\mathrm{T}}+(\mathrm{E}\boldsymbol{v})(\mathrm{E}\boldsymbol{v})^{\mathrm{T}}$。

如果 $\boldsymbol{R}$ 未知，则加权最小二乘估计只能猜测为 $\tilde{\boldsymbol{R}}$，并取加权矩阵为 $\tilde{\boldsymbol{R}}^{-1}$，相应估计为

$$\hat{\boldsymbol{x}}=(\boldsymbol{H}^{\mathrm{T}}\tilde{\boldsymbol{R}}^{-1}\boldsymbol{H})^{-1}\boldsymbol{H}^{\mathrm{T}}\tilde{\boldsymbol{R}}^{-1}\boldsymbol{y} \tag{2.62}$$

相应的估计误差为

$$\hat{\boldsymbol{x}}-\boldsymbol{x}=(\boldsymbol{H}^{\mathrm{T}}\tilde{\boldsymbol{R}}^{-1}\boldsymbol{H})^{-1}\boldsymbol{H}^{\mathrm{T}}\tilde{\boldsymbol{R}}^{-1}\boldsymbol{v} \tag{2.63}$$

下面研究猜测不准确对估计精度的影响。

由式(2.63)，得

$$\tilde{\boldsymbol{P}}=\mathrm{E}(\hat{\boldsymbol{x}}-\boldsymbol{x})(\hat{\boldsymbol{x}}-\boldsymbol{x})^{\mathrm{T}}=(\boldsymbol{H}^{\mathrm{T}}\tilde{\boldsymbol{R}}^{-1}\boldsymbol{H})^{-1}\boldsymbol{H}^{\mathrm{T}}\tilde{\boldsymbol{R}}^{-1}\boldsymbol{R}\tilde{\boldsymbol{R}}^{-1}\boldsymbol{H}(\boldsymbol{H}^{\mathrm{T}}\tilde{\boldsymbol{R}}^{-1}\boldsymbol{H})^{-1} \tag{2.64}$$

如果猜测恰好符合实际，即 $\tilde{\boldsymbol{R}}=\boldsymbol{R}$，则有 $\tilde{\boldsymbol{P}}=(\boldsymbol{H}^{\mathrm{T}}\boldsymbol{R}^{-1}\boldsymbol{H})^{-1}$。如果 $\boldsymbol{H}$ 为满秩方阵，则有

$$\widetilde{P}=H^{-1}\widetilde{R}H^{-T}H^{T}\widetilde{R}^{-1}R\widetilde{R}^{-1}HH^{-1}\widetilde{R}H^{-T}=(H^{T}R^{-1}H)^{-1} \tag{2.65}$$

即在 H 为满秩方阵情况下，权重的选择对估计结果没有影响，且估计在最小方差意义下最优。

行列式可以看作是面积或体积的概念在一般的欧几里得空间中的推广，估计误差协方差矩阵的行列式能够反映不确定区域的大小。为此定义 $\widetilde{P}$ 的行列式与最优精度 $(H^{T}R^{-1}H)^{-1}$ 的行列式的比值：

$$e=\frac{\det[(H^{T}\widetilde{R}^{-1}H)^{-1}H^{T}\widetilde{R}^{-1}R\widetilde{R}^{-1}H(H^{T}\widetilde{R}^{-1}H)^{-1}]}{\det(H^{T}R^{-1}H)^{-1}} \tag{2.66}$$

对于可逆矩阵 A，$\det(A^{-1})=1/\det(A)$，因而式(2.66) 可化为

$$e=\frac{\det(H^{T}\widetilde{R}^{-1}R\widetilde{R}^{-1}H)\det(H^{T}R^{-1}H)}{\det(H^{T}\widetilde{R}^{-1}H)^{2}} \tag{2.67}$$

对矩阵 $\widetilde{R}^{-1/2}H$ 进行奇异值分解，得

$$\widetilde{R}^{-1/2}H=XSY^{T} \tag{2.68}$$

式中，X 和 Y 为正交矩阵。则有

$$e=\frac{\det(S^{T}DS)\det(S^{T}D^{-1}S)}{\det(S^{T}S)^{2}} \tag{2.69}$$

式中

$$D\equiv X^{T}\widetilde{R}^{-1/2}R\widetilde{R}^{-1/2}X \tag{2.70}$$

矩阵 S 可表示为 $n\times n$ 的矩阵 S_1 和 $(m-n)\times n$ 的零矩阵的分块形式：

$$S=\begin{bmatrix}S_1\\0\end{bmatrix} \tag{2.71}$$

式中，S_1 为对角矩阵。分块矩阵 D 为

$$D=\begin{bmatrix}D_1 & F\\F^{T} & D_2\end{bmatrix} \tag{2.72}$$

式中，D_1 为与 S_1 维数相同的方阵；D_2 为方阵。

D 的逆矩阵为

$$D^{-1}=\begin{bmatrix}(D_1-FD_2^{-1}F^{T})^{-1} & G\\G^{T} & (D_2-F^{T}D_1^{-1}F)^{-1}\end{bmatrix} \tag{2.73}$$

式中，G 的具体表达在后面分析中并不需要。至此，式(2.69) 可化为

$$e=\frac{\det(D_1)}{\det(D_1-FD_2^{-1}F^{T})} \tag{2.74}$$

进一步利用等价关系 $\det(D)=\det(D_2)\det(D_1-FD_2^{-1}F^{T})$，有

$$e=\frac{\det(D_1)\det(D_2)}{\det(D)} \tag{2.75}$$

由 Fisher 不等式可知：$e\geqslant 1$，即猜测不准一般会带来估计精度的损失。e 越大，猜测引起的精度损失越大。

2.6　全最小二乘估计

对于标准线性最小二乘估计，矩阵 $\boldsymbol{H}$ 是精确已知的。对于某些应用，情况并非如此。例如对于例 1.2，矩阵 $\boldsymbol{H}$ 是根据量测构造的，因此必然包含随机量测误差。

考虑矩阵 $\boldsymbol{H}$ 的不精确情况，全最小二乘(TLS) 估计问题表述为

$$\boldsymbol{y} = \boldsymbol{H}\boldsymbol{x} + \boldsymbol{v} \tag{2.76}$$

$$\overline{\boldsymbol{H}} = \boldsymbol{H} + \Delta\boldsymbol{H} \tag{2.77}$$

式中，$\boldsymbol{y}$ 为观测向量；$\boldsymbol{x}$ 为待估计向量；实际观测矩阵 $\boldsymbol{H}$ 未知；$\overline{\boldsymbol{H}}$ 为 $\boldsymbol{H}$ 的不精确观测；$\boldsymbol{v}$ 和 $\Delta\boldsymbol{H}$ 分别为观测误差和观测矩阵构造误差。需要根据拟合误差最小化准则，由观测向量 $\boldsymbol{y}$ 和 $\overline{\boldsymbol{H}}$ 最优估计 $\boldsymbol{x}$ 和 $\boldsymbol{H}$。

定义矩阵

$$\boldsymbol{D} = [\boldsymbol{H} \quad \boldsymbol{H}\boldsymbol{x}] \tag{2.78}$$

如果能够获得 $\boldsymbol{x}$ 和 $\boldsymbol{H}$ 的最优估计 $\hat{\boldsymbol{x}}$ 和 $\hat{\boldsymbol{H}}$，考虑到式(2.76) 中 $\boldsymbol{v}$ 完全未知，对 $\boldsymbol{y}$ 的最优估计为

$$\hat{\boldsymbol{y}} = \hat{\boldsymbol{H}}\hat{\boldsymbol{x}} \tag{2.79}$$

令 $\hat{\boldsymbol{D}} = [\hat{\boldsymbol{H}}, \hat{\boldsymbol{H}}\hat{\boldsymbol{x}}]$，$\hat{\boldsymbol{z}} = [\hat{\boldsymbol{x}}^{\mathrm{T}}, -1]^{\mathrm{T}}$，则有恒等式

$$\hat{\boldsymbol{D}}\hat{\boldsymbol{z}} = 0 \tag{2.80}$$

其物理含义是 $\hat{\boldsymbol{z}}$ 属于 $\hat{\boldsymbol{D}}$ 的零空间。

令 $\overline{\boldsymbol{D}} = [\overline{\boldsymbol{H}}, \boldsymbol{y}]$，全最小二乘估计问题可表示为极小化如下拟合指标函数：

$$J(\hat{\boldsymbol{D}}) = \frac{1}{2}[\mathrm{vec}(\overline{\boldsymbol{D}}^{\mathrm{T}} - \hat{\boldsymbol{D}}^{\mathrm{T}})]^{\mathrm{T}}\boldsymbol{W}\mathrm{vec}(\overline{\boldsymbol{D}}^{\mathrm{T}} - \hat{\boldsymbol{D}}^{\mathrm{T}}), \quad \mathrm{s.t.}\ \hat{\boldsymbol{D}}\hat{\boldsymbol{z}} = 0 \tag{2.81}$$

式中，vec 为连续排列矩阵的列向量所得到的向量；$\boldsymbol{W}$ 为加权矩阵。当 $\boldsymbol{W}$ 为单位矩阵时，式(2.81) 可改写成如下的矩阵逼近：

$$J(\hat{\boldsymbol{D}}) = \frac{1}{2}\|\overline{\boldsymbol{D}} - \hat{\boldsymbol{D}}\|_{\mathrm{F}}^{2} \tag{2.82}$$

式中，$\|\cdot\|_{\mathrm{F}}$ 表示矩阵 Frobenius 范数，即矩阵各元素平方和的二次方根。

对 $\overline{\boldsymbol{D}}$ 作奇异值分解，有

$$\overline{\boldsymbol{D}} = \boldsymbol{U}\boldsymbol{S}\boldsymbol{V}^{\mathrm{T}} = [\boldsymbol{U}_1 \quad \boldsymbol{U}_2]\begin{bmatrix}\boldsymbol{S}_1 & 0 \\ 0 & s\end{bmatrix}\begin{bmatrix}\boldsymbol{V}_{11} & \boldsymbol{V}_{12} \\ \boldsymbol{V}_{21} & v_{22}\end{bmatrix}^{\mathrm{T}} = [\boldsymbol{U}_1\boldsymbol{S}_1\boldsymbol{V}_{11}^{\mathrm{T}} + s\boldsymbol{U}_2\boldsymbol{V}_{12}^{\mathrm{T}} \quad \boldsymbol{U}_1\boldsymbol{S}_1\boldsymbol{V}_{21}^{\mathrm{T}} + sv_{22}\boldsymbol{U}_2] \tag{2.83}$$

式中，$\boldsymbol{S}$ 为正定对角矩阵，其对角元素从大到小排列，这些对角元素被称为奇异值；$\boldsymbol{U}$ 和 $\boldsymbol{V}$ 均为单位正交矩阵，满足 $\boldsymbol{U}^{\mathrm{T}}\boldsymbol{U} = \boldsymbol{I}$，$\boldsymbol{V}^{\mathrm{T}}\boldsymbol{V} = \boldsymbol{I}$，根据分块特性，$\boldsymbol{U}_2$ 和 $\boldsymbol{V}_{12}$ 为列向量，$\boldsymbol{V}_{21}$ 为行向量；s 和 v_{22} 为标量。

式(2.82) 的矩阵逼近解为

$$\hat{\boldsymbol{D}} = [\boldsymbol{U}_1 \quad \boldsymbol{U}_2]\begin{bmatrix}\boldsymbol{S}_1 & 0 \\ 0 & 0\end{bmatrix}\begin{bmatrix}\boldsymbol{V}_{11} & \boldsymbol{V}_{12} \\ \boldsymbol{V}_{21} & v_{22}\end{bmatrix}^{\mathrm{T}} = [\boldsymbol{U}_1\boldsymbol{S}_1\boldsymbol{V}_{11}^{\mathrm{T}} \quad \boldsymbol{U}_1\boldsymbol{S}_1\boldsymbol{V}_{21}^{\mathrm{T}}] \tag{2.84}$$

将式(2.84) 代入(2.80)，有

$$\boldsymbol{U}_1\boldsymbol{S}_1\boldsymbol{V}_{11}^{\mathrm{T}}\hat{\boldsymbol{x}}=\boldsymbol{U}_1\boldsymbol{S}_1\boldsymbol{V}_{21}^{\mathrm{T}} \tag{2.85}$$

将 $\boldsymbol{U}^{\mathrm{T}}\boldsymbol{U}=\boldsymbol{I}$ 分块表示为

$$\boldsymbol{U}^{\mathrm{T}}\boldsymbol{U}=\begin{bmatrix}\boldsymbol{U}_1^{\mathrm{T}}\boldsymbol{U}_1 & \boldsymbol{U}_1^{\mathrm{T}}\boldsymbol{U}_2\\ \boldsymbol{U}_2^{\mathrm{T}}\boldsymbol{U}_1 & \boldsymbol{U}_2^{\mathrm{T}}\boldsymbol{U}_2\end{bmatrix}=\begin{bmatrix}\boldsymbol{I} & 0\\ 0 & 1\end{bmatrix} \tag{2.86}$$

由式(2.86)可得 $\boldsymbol{U}_1^{\mathrm{T}}\boldsymbol{U}_1=\boldsymbol{I}$,式(2.85)左乘 $\boldsymbol{S}_1^{-1}\boldsymbol{U}_1^{\mathrm{T}}$,有

$$\boldsymbol{V}_{11}^{\mathrm{T}}\hat{\boldsymbol{x}}=\boldsymbol{V}_{21}^{\mathrm{T}} \tag{2.87}$$

利用 $\boldsymbol{V}\boldsymbol{V}^{\mathrm{T}}=\boldsymbol{I}$ 分块表示,式(2.87)可解得

$$\hat{\boldsymbol{x}}=-\boldsymbol{V}_{12}/v_{22} \tag{2.88}$$

式(2.88)的计算只依赖于奇异值分解的矩阵 $\boldsymbol{V}$。可以验证,此时式(2.82)达到最小值 s^2。式(2.88)的等价计算形式为

$$\hat{\boldsymbol{x}}=(\overline{\boldsymbol{H}}^{\mathrm{T}}\overline{\boldsymbol{H}}-s^2\boldsymbol{I})^{-1}\overline{\boldsymbol{H}}^{\mathrm{T}}\boldsymbol{y} \tag{2.89}$$

例 2.4 为了比较全最小二乘法与普通最小二乘法,重新考虑例 1.2 所示的简单动态系统的参数估计问题。已知 μ 为脉冲输入,幅度为 $10/\Delta t$(即当 $k=1$ 时,$u_k=10/\Delta t$;当 $k\geqslant 2$ 时,$u_k=0$)。在总共 10 s 中,采样间隔从 $\Delta t=2$ s 变化到 $\Delta t=0.001$ s。采用 $\sigma=0.08$ 生成量测。本例测试了不同量测样本长度(即从 $\Delta t=2$ s 的 5 个样本到 $\Delta t=0.001$ s 的 10 000 个样本)。运行 1 000 次仿真统计。$\hat{\Phi}$ 的估计结果见表 2.2,$\hat{\Gamma}$ 的估计结果见表 2.3,其中 bias 表示相应参数的 1 000次估计平均值与实际值之差的绝对值,用于反映估计的有偏性;MSE 表示相应参数估计与实际值之差平方的 1 000 次平均值,用于综合反映估计的随机性和有偏性;下标 LS 表示标准最小二乘估计;下标 TLS 表示全最小二乘估计。测试结果表明:

(1)随着样本数的增加,两种算法的估计精度都得到了提高;

(2)样本数很多时,全最小二乘估计的估计精度明显优越;

(3)样本数较少时,两种算法基本相当;

(4)比较 bias 和 MSE 的开方值,可见:估计有偏性在整个估计误差中影响很小,误差主要来自于估计的随机性。

表 2.2 $\hat{\Phi}$ 的估计结果

Δt	$\mathrm{bias}\{\hat{\Phi}\}_{\mathrm{LS}}$	$\mathrm{bias}\{\hat{\Phi}\}_{\mathrm{TLS}}$	$\sqrt{\mathrm{MSE}\{\hat{\Phi}\}_{\mathrm{LS}}}$	$\sqrt{\mathrm{MSE}\{\hat{\Phi}\}_{\mathrm{TLS}}}$
2	3.12×10^{-4}	3.89×10^{-4}	1.82×10^{-2}	1.83×10^{-2}
1	5.52×10^{-4}	2.43×10^{-4}	1.12×10^{-2}	1.12×10^{-2}
0.5	1.03×10^{-3}	3.67×10^{-4}	6.36×10^{-3}	6.28×10^{-3}
0.1	1.24×10^{-3}	9.68×10^{-5}	1.99×10^{-3}	1.54×10^{-3}
0.05	1.23×10^{-3}	2.30×10^{-5}	1.47×10^{-3}	7.90×10^{-4}
0.01	1.26×10^{-3}	7.08×10^{-6}	1.28×10^{-3}	1.62×10^{-4}
0.005	1.27×10^{-3}	3.48×10^{-6}	1.27×10^{-3}	8.26×10^{-5}
0.001	1.28×10^{-3}	5.32×10^{-7}	1.27×10^{-3}	1.60×10^{-5}

表 2.3　$\hat{\Gamma}$ 的估计结果

Δt	$\text{bias}\{\hat{\Gamma}\}_{\text{LS}}$	$\text{bias}\{\hat{\Gamma}\}_{\text{TLS}}$	$\sqrt{\text{MSE}\{\hat{\Gamma}\}_{\text{LS}}}$	$\sqrt{\text{MSE}\{\hat{\Gamma}\}_{\text{TLS}}}$
2	1.37×10^{-4}	1.11×10^{-4}	8.37×10^{-3}	8.78×10^{-3}
1	1.32×10^{-4}	6.24×10^{-5}	6.64×10^{-3}	6.71×10^{-3}
0.5	1.29×10^{-4}	2.25×10^{-5}	4.76×10^{-3}	4.76×10^{-3}
0.1	1.52×10^{-5}	2.11×10^{-5}	1.07×10^{-3}	1.07×10^{-3}
0.05	2.71×10^{-5}	2.87×10^{-5}	5.61×10^{-4}	5.62×10^{-4}
0.01	7.04×10^{-6}	7.10×10^{-6}	1.12×10^{-4}	1.13×10^{-4}
0.005	2.02×10^{-6}	2.00×10^{-6}	5.90×10^{-5}	5.91×10^{-5}
0.001	1.79×10^{-7}	2.78×10^{-7}	1.10×10^{-5}	1.11×10^{-5}

对于加权矩阵 $\boldsymbol{W}$ 为对角矩阵的情况，需要对式(2.76) 和式(2.77) 中对应的向量元素或者矩阵元素乘以相应的权重获得等效模型，则可采用上述的权重矩阵为单位阵的求解。例如对于

$$\boldsymbol{y}=\begin{bmatrix}y_1\\y_2\end{bmatrix},\quad \boldsymbol{H}=\begin{bmatrix}h_{11} & h_{12} & h_{13}\\h_{21} & h_{22} & h_{23}\end{bmatrix},\quad \boldsymbol{W}=\text{diag}\{1,2,3,4,5,6,7,8\}$$

可将式(2.76) 和式(2.77) 改写成如下形式：

$$\underbrace{\begin{bmatrix}1 & 0\\0 & \sqrt{2}\end{bmatrix}}_{\text{等效量测}}\boldsymbol{y}=\underbrace{\begin{bmatrix}h_{11} & h_{12} & h_{13}\\\sqrt{2}h_{21} & \sqrt{2}h_{22} & \sqrt{2}h_{23}\end{bmatrix}}_{\text{等效量测矩阵}}\boldsymbol{x}+\begin{bmatrix}v_1\\\sqrt{2}v_2\end{bmatrix} \tag{2.90}$$

$$\underbrace{\begin{bmatrix}\sqrt{3}\bar{h}_{11} & \sqrt{5}\bar{h}_{12} & \sqrt{7}\bar{h}_{13}\\2\bar{h}_{21} & \sqrt{6}\bar{h}_{22} & \sqrt{8}\bar{h}_{23}\end{bmatrix}}_{\text{等效量测矩阵观测}}=\begin{bmatrix}\sqrt{3}h_{11} & \sqrt{5}h_{12} & \sqrt{7}h_{13}\\2h_{21} & \sqrt{6}h_{22} & \sqrt{8}h_{23}\end{bmatrix}+\begin{bmatrix}\sqrt{3}\Delta h_{11} & \sqrt{5}\Delta h_{12} & \sqrt{7}\Delta h_{13}\\2\Delta h_{21} & \sqrt{6}\Delta h_{22} & \sqrt{8}\Delta h_{23}\end{bmatrix} \tag{2.91}$$

然后运用上述估计。

参 考 文 献

[1] JUNKINS J L. On the optimization and estimation of powered rocket trajectories using parametric differential correction processes[R]. St. Louis: McDonnell Douglas Astronautics Co, 1969.

[2] KALMAN R E, Bucy R S. New results in linear filtering and prediction theory[J]. Journal of Basic Engineering, 1961, 83(1): 95 - 108.

[3] GOLUB G H, Van Loan C F. Matrix computations[M]. 3rd ed. Baltimore: The Johns Hopkins University Press, 1996.

[4] GOLUB G H, Van Loan C F. An analysis of the total least squares problem[J]. SIAMJournal on Numerical Analysis, 1980, 17(6): 883-893.

[5] VANHUFFEL S, Vandewalle J. On the accuracy of total least squares and least squares techniques in the presence of errors on all data[J]. Automatica, 1989, 25(5): 765-769.

[6] BJORCK A. Numerical methods for least squares problems[M]. Philadelphia: Society for Industial and Applied Mathematics, 1996.

[7] VANHUFFEL S, Vandewalle J. The total least squares problem: Computational aspects and analysis [M]. Philadelphia: Society for Industial and Applied Mathematics, 1991.

[8] GLESER L J. Estimation in a multivariate "errors in variables" regression model: Large sample results[J]. The Annals of Statistics, 1981, 9(1): 24-44.

[9] SCHUERMANS M, Markovsky I, Van Huffel S. An adapted version of the element-wise weighted total least squares method for applications in chemometrics[J]. Chemometrics and Intelligent Laboratory Systems, 2007, 85(1): 40-46.

[10] SCHUERMANS M, MARKOVSKY I, WENTZELL P D, et al. On the equivalence between total least squares and maximum likelihood PCA[J]. Analytica Chimica Acta, 2005, 544(1-2): 254-267.

[11] CRASSIDIS J L, CHENG Y. Error-covariance analysis of the total least-squares problem[J]. Journal of Guidance, Control, and Dynamics, 2014, 37(4): 1053-1063.

[12] CRASSIDIS J L, JUNKINS J L. Optimal estimation of dynamic systems[M]. 2nd ed. Boca Raton: CRC Press, 2012.

第 3 章　非线性最小二乘估计

3.1　非线性最小二乘估计问题的提出

示例 3.1(解矛盾方程组)　考虑如下多元非线性方程组求解问题：

$$y_j = f_j(x_1, x_2, \cdots, x_n), \quad j = 1, 2, \cdots, m, \quad m \geqslant n \tag{3.1}$$

由于方程个数大于未知量个数，因此上述求解一般属于矛盾方程组求解。希望方程组矛盾的总体程度越小越好，即将未知参数的估计代入方程组，各方程等式左右之差的二次方和最小。显然，上述非线性矛盾方程组的求解可以归为最小二乘问题。

示例 3.2(连续时间系统辨识)　考虑连续时间系统

$$\dot{y} = ay + bu \tag{3.2}$$

式中，u 为外部输入；a，b 为常数。以固定采样周期 Δt 离散化，可得离散时间模型

$$y_{k+1} = \mathrm{e}^{a\Delta t} y_k + \left[\frac{b}{a}(\mathrm{e}^{a\Delta t} - 1)\right] u_k \tag{3.3}$$

给定一个时间段内时间离散的输入数据 u_k 和输出数据(关于 y_k 的观测)，需要确定连续时间系统的参数 a 和 b。

示例 3.3(气动模型辨识)　在一定近似条件下，具有惯性和空气动力特性的对称抛射体在俯仰角 θ 和偏航角 ψ 方向的动力学建模为

$$\theta(t) = k_1 \mathrm{e}^{\lambda 1 t} \cos(\omega_1 t + \delta_1) + k_2 \mathrm{e}^{\lambda 2 t} \cos(\omega_2 t + \delta_2) + k_3 \mathrm{e}^{\lambda 3 t} \cos(\omega_3 t + \delta_3) + k_4 \tag{3.4}$$

$$\psi(t) = k_1 \mathrm{e}^{\lambda 1 t} \sin(\omega_1 t + \delta_1) + k_2 \mathrm{e}^{\lambda 2 t} \sin(\omega_2 t + \delta_2) + k_3 \mathrm{e}^{\lambda 3 t} \sin(\omega_3 t + \delta_3) + k_5 \tag{3.5}$$

需要根据一组量测的俯仰和偏航角，确定抛射体质量、空气动力特性和初始运动状态的 14 个常数参数，即 k_1，k_2，k_3，k_4，k_5，λ_1，λ_2，λ_3，ω_1，ω_2，ω_3，δ_1，δ_2，δ_3。

示例 3.4(被动目标定位)　对于如图 3.1 所示的二维平面内纯角度目标定位问题，目标坐标 $\boldsymbol{x} = [\xi, \eta]$，第 i 个红外传感器坐标 $\boldsymbol{x}_p(i) = [\xi_p(i), \eta_p(i)]$，点目标量测模型为

$$z(i) = \arctan\left[\frac{\eta - \eta_p(i)}{\xi - \xi_p(i)}\right] + \upsilon(i), \quad i = 1, 2, 3 \tag{3.6}$$

式中，$\upsilon(i)$ 为传感器测量误差；i 代表传感器编号。需要根据测角量测确定目标位置参数。

上述示例均可以归结为非线性最小二乘估计问题：

$$\boldsymbol{y} = \boldsymbol{f}(\boldsymbol{x}) + \boldsymbol{v} \tag{3.7}$$

式中，$\boldsymbol{f}$ 为已知非线性函数；$\boldsymbol{v}$ 为未知量测误差 / 建模误差。需要根据量测 $\boldsymbol{y}$ 最优估计 $\boldsymbol{x}$。优化准则是最小化如下拟合误差：

$$J = \frac{1}{2}[\boldsymbol{y} - \boldsymbol{f}(\hat{\boldsymbol{x}})]^{\mathrm{T}} \boldsymbol{W} [\boldsymbol{y} - \boldsymbol{f}(\hat{\boldsymbol{x}})] \tag{3.8}$$

式中，$\boldsymbol{W}$ 为加权矩阵；$\hat{\boldsymbol{x}}$ 为待求的最优估计。

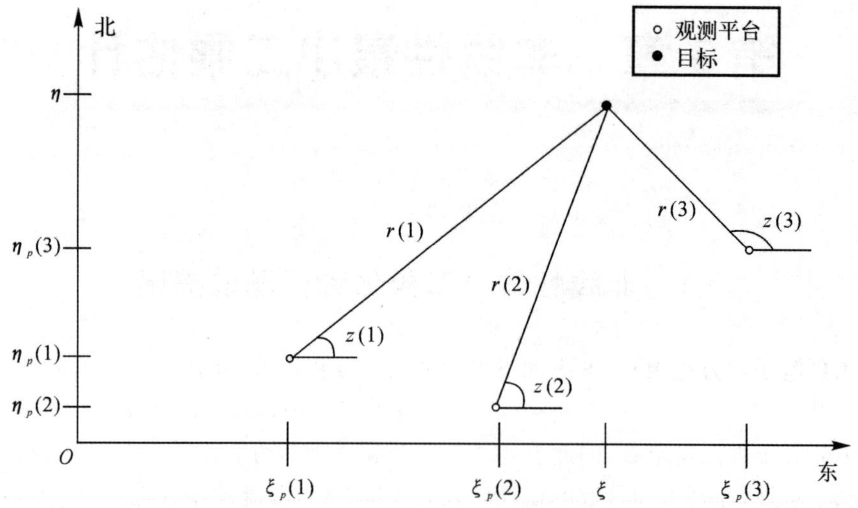

图 3.1　传感器平台与目标几何关系图

3.2　非线性最小二乘估计实现

式(3.8) 是关于 $\hat{\boldsymbol{x}}$ 的非线性优化，一般没有解析解，可以通过如下的线性最小二乘估计迭代实现。

给定 $\boldsymbol{x}$ 的第 i 次迭代估计 $\hat{\boldsymbol{x}}^{(i)}$，则式(3.7) 可以通过线性化近似改写为

$$\Delta \boldsymbol{y}^{(i)} = \boldsymbol{y} - \boldsymbol{f}(\hat{\boldsymbol{x}}^{(i)}) \approx \boldsymbol{H}^{(i)} \Delta \boldsymbol{x}^{(i)} + \boldsymbol{v} \tag{3.9}$$

式中

$$\Delta \boldsymbol{x}^{(i)} = \boldsymbol{x} - \hat{\boldsymbol{x}}^{(i)} \tag{3.10}$$

$$\boldsymbol{H}^{(i)} = \left.\frac{\mathrm{d}\boldsymbol{f}}{\mathrm{d}\boldsymbol{x}}\right|_{\boldsymbol{x}=\hat{\boldsymbol{x}}^{(i)}} \tag{3.11}$$

与此相应，式(3.8) 可改写为

$$J^{(i)} = \frac{1}{2}(\boldsymbol{y} - \boldsymbol{f}(\hat{\boldsymbol{x}}^{(i)}) - \boldsymbol{H}^{(i)} \Delta \hat{\boldsymbol{x}}^{(i)})^{\mathrm{T}} \boldsymbol{W} (\boldsymbol{y} - \boldsymbol{f}(\hat{\boldsymbol{x}}^{(i)}) - \boldsymbol{H}^{(i)} \Delta \hat{\boldsymbol{x}}^{(i)}) \tag{3.12}$$

根据线性最小二乘估计，有

$$\Delta \hat{\boldsymbol{x}}^{(i)} = ((\boldsymbol{H}^{(i)})^{\mathrm{T}} \boldsymbol{W} \boldsymbol{H}^{(i)})^{-1} (\boldsymbol{H}^{(i)})^{\mathrm{T}} \boldsymbol{W} \Delta \boldsymbol{y}^{(i)} \tag{3.13}$$

从而有

$$\hat{\boldsymbol{x}}^{(i+1)} = \hat{\boldsymbol{x}}^{(i)} + \Delta \hat{\boldsymbol{x}}^{(i)} \tag{3.14}$$

反复迭代运行式(3.9) ～ 式(3.14)，通过不断估计并补偿估计误差，改进估计精度。随着估计的不断改进，式(3.9) 线性化误差越来越小。估计过程在满足如下终结条件或者其组合时停止：

(1) 拟合误差终结条件：

$$\frac{|J^{(i+1)} - J^{(i)}|}{J^{(i)}} \leqslant \alpha \ll 1 \tag{3.15}$$

(2) 估计误差终结条件：

$$\frac{\|\Delta\hat{\boldsymbol{x}}^{(i)}\|}{\|\hat{\boldsymbol{x}}^{(i)}\|}\leqslant\beta\ll 1 \tag{3.16}$$

或

$$\|\Delta\hat{\boldsymbol{x}}^{(i)}\|\leqslant\gamma \tag{3.17}$$

(3) 迭代次数终结条件：

$$i\leqslant i_{\max} \tag{3.18}$$

式中，α，β，γ 分别为相应终结阈值；$i_{\max}$ 为最大容许迭代次数。注意，式(3.16) 不适合迭代估计值取零向量的情况。另外，非线性最小二乘估计的迭代实现对初始估计敏感。如果初始估计远离真实值，则线性化误差可能很大，造成迭代估计有偏，甚至失效，在应用中需要多次尝试初始值或者结合领域知识以及量测信息估算初始估计。

表 3.1　x 迭代过程

迭代	x	x	x
0	0.000 0	−1.600 0	−5.000 0
1	−0.545 5	−2.246 2	−4.076 9
2	−0.849 0	−1.963 5	−3.500 6
3	−0.974 7	−2.000 1	−3.174 2
4	−0.999 1	−2.000 0	−3.032 4
5	−1.000 0	−2.000 0	−3.001 5
6	−1.000 0	−2.000 0	−3.000 0
7	−1.000 0	−2.000 0	−3.000 0

例 3.1　考虑示例 3.1 的一元三次方程求解：

$$y=x^3+6x^2+11x+6=0$$

显然，$f(x)=x^3+6x^2+11x+6$。式(3.14) 可化为如下的迭代计算：

$$\hat{x}^{(i+1)}=\hat{x}^{(i)}-\left(\frac{\mathrm{d}f}{\mathrm{d}x}\bigg|_{x=\hat{x}^{(i)}}\right)^{-1}f(\hat{x}^{(i)})=\hat{x}^{(i)}-\frac{(\hat{x}^{(i)})^3+6(\hat{x}^{(i)})^2+11\hat{x}^{(i)}+6}{3(\hat{x}^{(i)})^2+12\hat{x}^{(i)}+11}$$

这正是牛顿求根法计算公式。也就是说，牛顿求根法是以非线性最小二乘估计为优化准则的。分别从 3 个不同初始估计值，经历 7 次迭代，均实现收敛。迭代过程见表 3.1。本例的一元三次方程有三个解，可以验证方程解分别为 −1，−2 和 −3。

例 3.2　考虑示例 3.2 的系统辨识问题，所用输入输出数据与例 1.2 相同。令 $\boldsymbol{x}=[a,b]^{\mathrm{T}}$，$y_{k+1}=f_k(\boldsymbol{x})=\mathrm{e}^{a\Delta t}y_k+\dfrac{b}{a}(\mathrm{e}^{a\Delta t}-1)u_k$，$k=1,\cdots,101$，则有

$$
\boldsymbol{H}=\begin{bmatrix} \dfrac{\partial y_2}{\partial a} & \dfrac{\partial y_2}{\partial b} \\ \vdots & \vdots \\ \dfrac{\partial y_{101}}{\partial a} & \dfrac{\partial y_{101}}{\partial b} \end{bmatrix}=\begin{bmatrix} \Delta t\,\mathrm{e}^{a\Delta t}y_1+\left[\dfrac{b}{a^2}(1-\mathrm{e}^{a\Delta t})+\dfrac{b}{a}\Delta t\,\mathrm{e}^{a\Delta t}\right]u_1 & \dfrac{1}{a}(\mathrm{e}^{a\Delta t}-1)\,u_1 \\ \vdots & \vdots \\ \Delta t\,\mathrm{e}^{a\Delta t}y_{100}+\left[\dfrac{b}{a^2}(1-\mathrm{e}^{a\Delta t})+\dfrac{b}{a}\Delta t\,\mathrm{e}^{a\Delta t}\right]u_{100} & \dfrac{1}{a}(\mathrm{e}^{a\Delta t}-1)\,u_{100} \end{bmatrix}
$$

取$\boldsymbol{W}$为单位矩阵，初始估计$\hat{\boldsymbol{x}}^{(0)}=[5,5]^{\mathrm{T}}$，采用式(3.15)中$\alpha=1\times10^{-8}$的终结条件，可得表3.2所示迭代过程。根据$\hat{a}$和$\hat{b}$的迭代最终值，计算离散时间系统的对应参数值，可以得到$\hat{\Phi}=0.904\,8$，$\hat{\Gamma}=0.095\,0$，这与例1.2中的结果吻合。

表3.2　$\hat{\alpha}$，$\hat{\beta}$ 迭代过程

迭代	$\hat{a}$	$\hat{b}$
0	5.000 0	5.000 0
1	0.487 6	1.954 0
2	−0.895 4	1.063 4
3	−1.000 3	0.998 8
4	−1.000 9	0.998 5
5	−1.000 9	0.998 5
6	−1.000 9	0.998 5

例3.3　考虑示例3.3，模拟的$\theta(t)$和$\psi(t)$量测包含标准偏差为0.000 2的零均值高斯白噪声。以1 s的间隔采样获取25个时刻量测。设

$$
\underset{(14\times1)}{\boldsymbol{x}}=[k_1\quad k_2\quad k_3\quad k_4\quad k_5\quad \lambda_1\quad \lambda_2\quad \lambda_3\quad \omega_1\quad \omega_2\quad \omega_3\quad \delta_1\quad \delta_2\quad \delta_3]^{\mathrm{T}}
$$

$$
\underset{(52\times1)}{\boldsymbol{y}}=[\theta(0)\quad \psi(0)\quad \theta(1)\quad \psi(1)\quad \cdots\quad \theta(25)\quad \psi(25)]^{\mathrm{T}}
$$

则有

$$
\frac{\partial\theta(t_j)}{\partial k_i}=\mathrm{e}^{\lambda_i t_j}\cos(\omega_i t_j+\delta_i),\quad i=1,2,3
$$

$$
\frac{\partial\psi(t_j)}{\partial k_i}=\mathrm{e}^{\lambda_i t_j}\sin(\omega_i t_j+\delta_i),\quad i=1,2,3
$$

$$
\frac{\partial\theta(t_j)}{\partial k_4}=1,\quad \frac{\partial\psi(t_j)}{\partial k_4}=0,\quad \frac{\partial\theta(t_j)}{\partial k_5}=0,\quad \frac{\partial\psi(t_j)}{\partial k_5}=1
$$

$$
\frac{\partial\theta(t_j)}{\partial\lambda_i}=t_jk_i\mathrm{e}^{\lambda_i t_j}\cos(\omega_i t_j+\delta_i),\quad i=1,2,3
$$

$$
\frac{\partial\psi(t_j)}{\partial\lambda_i}=t_jk_i\mathrm{e}^{\lambda_i t_j}\sin(\omega_i t_j+\delta_i),\quad i=1,2,3
$$

$$
\frac{\partial\theta(t_j)}{\partial\omega_i}=-t_jk_i\mathrm{e}^{\lambda_i t_j}\sin(\omega_i t_j+\delta_i),\quad i=1,2,3
$$

$$
\frac{\partial\psi(t_j)}{\partial\omega_i}=t_jk_i\mathrm{e}^{\lambda_i t_j}\cos(\omega_i t_j+\delta_i),\quad i=1,2,3
$$

$$\frac{\partial\theta(t_j)}{\partial\delta_i} = -k_i e^{\lambda_i t_j} \sin(\omega_i t_j + \delta_i), \quad i = 1,2,3$$

$$\frac{\partial\psi(t_j)}{\partial\delta_i} = k_i e^{\lambda_i t_j} \cos(\omega_i t_j + \delta_i), \quad i = 1,2,3$$

取 $\boldsymbol{W}$ 为单位矩阵，初始估计和真值见表 3.3。

表 3.3　x 的初始估计和真值

常值参数	初始值	真实值
k_1	0.500 0	0.200 0
k_2	0.250 0	0.100 0
k_3	0.125 0	0.050 0
k_4	0.000 0	0.000 1
k_5	0.000 0	0.000 1
λ_1	−0.150 0	−0.100 0
λ_2	−0.060 0	−0.050 0
λ_3	−0.030 0	−0.025 0
ω_1	0.260 0	0.250 0
ω_2	0.550 0	0.500 0
ω_3	0.950 0	1.000 0
δ_1	0.010 0	0.000 0
δ_2	0.010 0	0.000 0
δ_3	0.010 0	0.000 0

非线性最小二乘估计迭代过程见表 3.4。五次迭代收敛，估计结果与真值很接近。

表 3.4　$\hat{x}$ 迭代过程

参数	迭代次数				
	0	1	2	…	5
k_1	0.500 0	0.185 2	0.197 5		0.199 9
k_2	0.250 0	0.107 5	0.101 2		0.099 7
k_3	0.125 0	0.056 7	0.050 5		0.050 0
k_4	0.000 0	−0.000 6	0.000 1		0.000 2
k_5	0.000 0	−0.001 8	−0.000 5		0.000 1
λ_1	−0.150 0	−0.123 4	−0.095 4		−0.099 8
λ_2	−0.060 0	−0.066 1	−0.058 5		−0.049 7
λ_3	−0.030 0	−0.039 8	−0.033 8		−0.025 0
ω_1	0.260 0	0.249 0	0.247 1		0.250 0

续 表

参数	迭代次数				
	0	1	2	…	5
ω_2	0.550 0	0.530 0	0.495 5		0.499 9
ω_3	0.950 0	0.969 7	1.006 8		0.999 8
δ_1	0.010 0	0.034 4	0.014 3		0.001 0
δ_2	0.010 0	−0.044 7	0.005 1		0.000 1
δ_3	0.010 0	0.002 4	−0.057 0		−0.000 1

每次迭代的残差的加权二次方和，即 J 的数值见表 3.5。迭代过程中残差的加权二次方和收敛了 6 个数量级。

表 3.5　J 的迭代取值

代价	迭代次数				
	0	1	2	…	5
J	1.08×10^{7}	2.51×10^{5}	1.17×10^{4}		1.93×10^{1}

根据参数估计所做的角度拟合与量测保持很好的一致性，如图 3.2 所示。

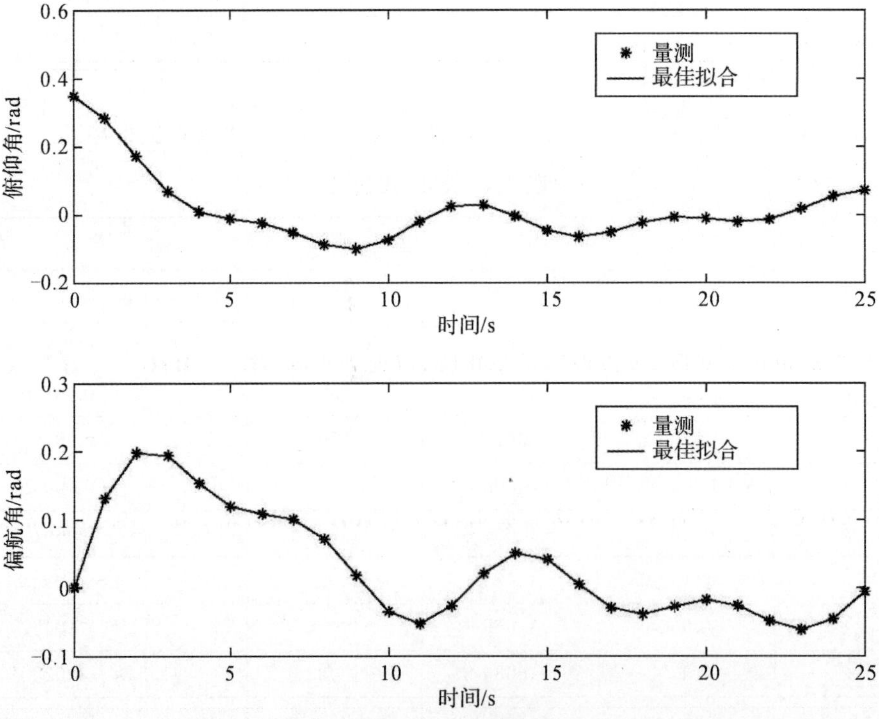

图 3.2　俯仰角和偏航角的量测和最佳拟合图

3.3　Levenberg－Marquardt 实现

对于 3.2 节所给的非线性最小二乘估计的估计修正实现，式(3.13)被称为差分修正实现。在应用中，可能存在以下问题：

1. 对初始估计选择的敏感性

式(3.9)为线性化近似，其合理性在于：通过多次估计修正提高估计精度，从而使得线性化近似可以忽略。但是如果初始估计远离实际值，则初始化时局部线性假设并不成立，线性化误差很大引起估计修正很不精确，从而丧失估计的改进能力。这就需要结合领域知识选择合适的初始估计，或者尝试多个初始估计获得多个估计结果，然后通过比较拟合指标优选。在应用中，未必有足够知识获得精确的初始估计，多次初始估计尝试并不能保证某个初始估计精确且计算代价大。

2. 计算的数值失效

由于迭代过程涉及在不同估计点计算估计修正式(3.13)，对于某些估计点，式(3.13)的矩阵求逆可能是病态的甚至不存在的，这将造成迭代过程的失效。

为此，研究人员发展了不同于式(3.13)的其他实现，如梯度修正实现和 Levenberg－Marquardt 策略，下面对这两种方法分别进行介绍。

求拟合误差式(3.12)中关于估计 $\hat{\boldsymbol{x}}^{(i)}$ 的梯度，即

$$\nabla_{\hat{\boldsymbol{x}}^{(i)}} J^{(i)} = -(\boldsymbol{H}^{(i)})^{\mathrm{T}} \boldsymbol{W} \Delta \boldsymbol{y}^{(i)} \tag{3.19}$$

沿着梯度的相反方向修正估计能带来更小的拟合误差，因而有梯度修正

$$\Delta \boldsymbol{x}^{(i)} = -\frac{1}{\eta} \nabla_{\hat{\boldsymbol{x}}^{(i)}} J^{(i)} = \frac{1}{\eta} (\boldsymbol{H}^{(i)})^{\mathrm{T}} \boldsymbol{W} \Delta \boldsymbol{y}^{(i)} \tag{3.20}$$

式中，参数 $1/\eta$ 为控制步长。

梯度修正实现对应函数求极值的最速下降策略，有利于在初始估计远离实际值的情况下向最优估计快速收敛，避免式(3.13) 对估计初值的敏感性。不过随着迭代修正次数的增加，梯度也往往越来越接近 0，修正逐渐失去效用，不利于快速精确估计。可以采用混合策略，即先采用梯度修正实现式(3.20)，待估计修正较小时改为式(3.13)。这种混合可以降低初始估计选择的敏感性，不过对计算的数值失效无效。

Levenberg－Marquardt 实现采用了如下的修正公式：

$$\Delta \boldsymbol{x}^{(i)} = ((\boldsymbol{H}^{(i)})^{\mathrm{T}} \boldsymbol{W} \boldsymbol{H}^{(i)} + \eta \overline{\boldsymbol{H}}^{(i)})^{-1} (\boldsymbol{H}^{(i)})^{\mathrm{T}} \boldsymbol{W} \Delta \boldsymbol{y}^{(i)} \tag{3.21}$$

式中，$\overline{\boldsymbol{H}}^{(i)}$ 为对角正定矩阵，可以取为单位矩阵，以保证矩阵$(\boldsymbol{H}^{(i)})^{\mathrm{T}} \boldsymbol{W} \boldsymbol{H}^{(i)} + \eta \overline{\boldsymbol{H}}^{(i)}$ 求逆的存在性。有时候，$\overline{\boldsymbol{H}}^{(i)}$ 对角元素也可取为$(\boldsymbol{H}^{(i)})^{\mathrm{T}} \boldsymbol{W} \boldsymbol{H}^{(i)}$ 的对角元素，此时需要保证矩阵求逆的存在性。

对于 $\eta \to 0$，式(3.21) 近似为式(3.13)。对于 $\eta \to \infty$ 且 $\overline{\boldsymbol{H}}^{(i)}$ 为单位矩阵，式(3.21) 近似为式(3.20)。对于 $\eta \to \infty$ 且 $\overline{\boldsymbol{H}}^{(i)}$ 对角元素为$(\boldsymbol{H}^{(i)})^{\mathrm{T}} \boldsymbol{W} \boldsymbol{H}^{(i)}$ 的对角元素，式(3.21) 可近似为

$$\Delta \hat{\boldsymbol{x}}^{(i)} = \begin{bmatrix} \frac{1}{\eta_1} & \cdots & 0 \\ \vdots & & \vdots \\ 0 & \cdots & \frac{1}{\eta_n} \end{bmatrix} (\boldsymbol{H}^{(i)})^{\mathrm{T}} \boldsymbol{W} \Delta \boldsymbol{y}^{(i)} \tag{3.22}$$

式中，$\bar{\eta}_k=\eta\times(\boldsymbol{H}^{(i)})^{\mathrm{T}}\boldsymbol{W}\boldsymbol{H}^{(i)}[k,k]$， $k=1,\cdots,n$，$(\boldsymbol{H}^{(i)})^{\mathrm{T}}\boldsymbol{W}\boldsymbol{H}^{(i)}[k,k]$为$(\boldsymbol{H}^{(i)})^{\mathrm{T}}\boldsymbol{W}\boldsymbol{H}^{(i)}$的第$k$个对角元素，$n$为$\Delta\hat{\boldsymbol{x}}^{(i)}$的维数。对比式(3.20)可见，式(3.22)对于$\Delta\hat{\boldsymbol{x}}^{(i)}$每个维度的估计修正采用了不同的修正步长。这对于迭代修正收敛往往是有利的。

综上可见：给η较大的初始值，在迭代过程中逐渐减小η至接近0，则式(3.21)将兼具式(3.13)和式(3.20)的优点。关于η的设计并不唯一，有学者建议如下的设计：

(1) 在迭代初始化阶段，要保证η远大于$(\boldsymbol{H}^{(i)})^{\mathrm{T}}\boldsymbol{W}\boldsymbol{H}^{(i)}$的范数，比如取该范数的10倍，甚至100倍；

(2) 完成每次迭代后，比较修正前后两个估计的拟合误差。如果修正后估计的拟合误差小，则说明修正有效，将η减小(比如乘以步长缩小系数)，继续迭代；如果修正后估计的拟合误差反而大，则说明修正无效(即在目前步长所对应的现有估计领域内找不到更好的估计)，将η放大(比如乘以步长放大系数)，放弃修正后估计，从修正前估计重新尝试迭代。步长缩小系数小于1，步长放大系数大于1，两者可以取倒数关系。在迭代过程中，它们可以取常数，也可以随着迭代次数逐渐趋向1。

例3.4 在例3.3中，采用非线性最小二乘法确定对称抛射物的惯性和空气动力参数。在本例中，初始估计值除了λ_1由上例中的$-0.150\ 0$变为$-0.850\ 0$，其余不变。此时，采用式(3.13)估计将无法收敛到真实值附近。采用Levenberg－Marquardt实现：设初始值$\eta=1\times10^6$，缩小系数和放大系数分别为1/5和5。收敛过程见表3.6。

表3.6 $\hat{x}$迭代过程

参数	迭代次数				
	0	10	15	…	20
k_1	0.500 0	0.360 1	0.084 4		0.199 9
k_2	0.250 0	0.194 6	0.209 9		0.099 7
k_3	0.125 0	0.090 5	0.062 0		0.050 0
k_4	0.000 0	−0.006 2	0.011 1		0.000 2
k_5	0.000 0	−0.004 7	−0.000 4		0.000 1
λ_1	−0.850 0	−0.797 7	−0.043 6		−0.099 8
λ_2	−0.060 0	−0.076 0	−0.127 0		−0.049 7
λ_3	−0.030 0	−0.041 8	−0.043 6		−0.025 0
ω_1	0.260 0	0.109 4	0.162 1		0.250 0
ω_2	0.550 0	0.550 5	0.495 0		0.499 9
ω_3	0.950 0	0.958 2	0.987 4		0.999 8
δ_1	0.010 0	0.006 0	0.506 8		0.001 0
δ_2	0.010 0	−0.123 4	−0.348 2		0.000 1
δ_3	0.010 0	0.122 5	0.191 8		−0.000 1
η	10^6	0.512 0	0.004 1		10^{-6}

显然，Levenberg－Marquardt 实现收敛。

Levenberg－Marquardt 实现既能克服差分修正实现对初始估计选择的敏感性不足，也能避免梯度修正实现在接近代价函数极小值时收敛缓慢的局限。

参考文献

[1] CRASSIDIS J L，JUNKINS J L. Optimal estimation of dynamic systems[M]. 2nd ed. Boca Raton：CRC Press，2012.

[2] STRUTZ T. Data fitting and uncertainty：A practical introduction to weighted least squares and beyond[M]. Wiesbaden：Vieweg＋Teubner Verlag，2011.

第 4 章　模型校验

在前 3 章，基于给定的模型

$$\boldsymbol{y}=\boldsymbol{f}(\boldsymbol{x})+\boldsymbol{v}$$

通过拟合误差最小化，获得了拟合模型的参数。这里 $\boldsymbol{f}$ 代表线性或者非线性函数。不过对于某些应用，$\boldsymbol{f}(\boldsymbol{x})$ 形式并非已知，因而需要基函数求和表示：

$$\boldsymbol{f}=\sum_{i=1}^{m} x_i \boldsymbol{f}_i(\boldsymbol{a}) \tag{4.1}$$

式中，$\boldsymbol{f}_i$ 为 $\boldsymbol{f}$ 的第 i 个分量，反映了条件 $\boldsymbol{a}$ 下的数据规律；$\boldsymbol{f}_i(\boldsymbol{a})$ 为已知的基函数，比如多项式函数、三角函数和指数函数等。如何判别最小二乘估计所采用的模型是否合适，进而改进模型设计？这就需要根据数据实现模型校验。

模型校验可能面临两种模型选择不当的情况：

(1) 欠拟合。在用 $\boldsymbol{f}$ 表征实际数据规律时，某些重要的规律被忽略，由此造成模型过于简化，拟合误差"显著"，即违背其统计特性。比如，对于符合 $y_i=1+2t_i+e^{0.05t_i}+v_i$ 的实际数据，如果采用模型 $y_i=x_1+x_2t_i+v_i$ 拟合，则拟合误差对于 t_i 取很小值时可以接受，但随着 t_i 的增大，拟合误差越来越大。

(2) 过拟合。在用 $\boldsymbol{f}$ 表征实际数据规律时，函数设计过于复杂(往往对应待估计参数向量 $\boldsymbol{x}$ 的维数过高)，造成 $\hat{\boldsymbol{x}}$ 的某些分量"不显著"，可以看作是波动性很大的噪声。比如，对于符合 $y_i=1+2t_i+v_i$ 的实际数据，如果采用模型 $y_i=x_1+x_2t_i+x_3\cos t_i+v_i$ 拟合，则 x_3 的估计表现为零均值的白噪声。

需要说明的是，在模型校验时，欠拟合与过拟合可能并存。比如，对于符合 $y_i=1+\cos 2t_i+\sin 4t_i+v_i$ 的实际数据，如果采用模型 $y_i=x_1+x_2\cos 2t_i+x_3\sin 2t_i+v_i$ 拟合，则一方面由于 $\sin 4t_i$ 忽略，拟合误差随时间周期波动，总的拟合误差 J 较大；另一方面，由于 $\sin 2t_i$ 为多余的拟合项，x_3 的估计在零附近，并且取不同数据拟合时总在一定范围内随机波动，并不随着数据的增加而逐渐稳定于某个值。

4.1　拟合优度

回顾第 3 章，非线性最小二乘估计是最小化如下的加权拟合函数：

$$J=\frac{1}{2}(\boldsymbol{y}-\boldsymbol{f}(\hat{\boldsymbol{x}}))^{\mathrm{T}}\boldsymbol{W}(\boldsymbol{y}-\boldsymbol{f}(\hat{\boldsymbol{x}}))$$

参考式(3.8)，可以定义拟合优度

$$g_{\mathrm{fit}}=(\boldsymbol{y}-\boldsymbol{f}(\hat{\boldsymbol{x}}))^{\mathrm{T}}\overline{\boldsymbol{W}}(\boldsymbol{y}-\boldsymbol{f}(\hat{\boldsymbol{x}})) \tag{4.2}$$

式中，$\bar{\boldsymbol{W}}$ 为拟合优度加权矩阵。如果量测各分量独立观测，则 $\bar{\boldsymbol{W}}$ 取对角正定矩阵。式(4.2) 表征了数据与拟合模型的匹配性，取决于观测误差 $\boldsymbol{v}$ 和拟合函数 $\boldsymbol{f}$。

对于拟合，式(3.8) 的最优权重 $\boldsymbol{W}$ 为观测误差 $\boldsymbol{v}$ 的协方差矩阵逆。对于模型校验，$\bar{\boldsymbol{W}}$ 并不等于 $\boldsymbol{W}$。当 $\bar{\boldsymbol{W}}$ 取单位矩阵时，式(4.2) 是向量 $\boldsymbol{y}$ 与向量 $\boldsymbol{f}(\hat{\boldsymbol{x}})$ 欧氏距离的二次方；当 $\bar{\boldsymbol{W}}$ 取 $\boldsymbol{y}-\boldsymbol{f}(\hat{\boldsymbol{x}})$ 的协方差矩阵逆时，式(4.2) 是向量 $\boldsymbol{y}$ 与向量 $\boldsymbol{f}(\hat{\boldsymbol{x}})$ 马氏距离的二次方。欧氏距离计算简单，需要信息量少；马氏距离体现了观测不同分量因测量精度不同而在拟合中区别对待，因而具有更好的拟合评价性能。在模型设计符合实际的情况下，如果观测误差 $\boldsymbol{v}$ 是零均值且协方差矩阵为 $\boldsymbol{R}$ 的随机向量，最优线性最小二乘估计对应的 $\bar{\boldsymbol{W}}$ 可如下计算：

$$\boldsymbol{y}-\boldsymbol{H}\hat{\boldsymbol{x}}=\boldsymbol{H}\boldsymbol{x}+\boldsymbol{v}-\boldsymbol{H}(\boldsymbol{H}^{\mathrm{T}}\boldsymbol{R}^{-1}\boldsymbol{H})^{-1}\boldsymbol{H}^{\mathrm{T}}\boldsymbol{R}^{-1}(\boldsymbol{H}\boldsymbol{x}+\boldsymbol{v})=(\boldsymbol{I}-\boldsymbol{H}(\boldsymbol{H}^{\mathrm{T}}\boldsymbol{R}^{-1}\boldsymbol{H})^{-1}\boldsymbol{H}^{\mathrm{T}}\boldsymbol{R}^{-1})\boldsymbol{v} \tag{4.3}$$

从而有

$$\begin{aligned}\bar{\boldsymbol{W}}^{-1}&=\mathrm{E}(\boldsymbol{y}-\boldsymbol{H}\hat{\boldsymbol{x}})^{\mathrm{T}}(\boldsymbol{y}-\boldsymbol{H}\hat{\boldsymbol{x}})=\\&(\boldsymbol{I}-\boldsymbol{H}(\boldsymbol{H}^{\mathrm{T}}\boldsymbol{R}^{-1}\boldsymbol{H})^{-1}\boldsymbol{H}^{\mathrm{T}}\boldsymbol{R}^{-1})^{\mathrm{T}}\boldsymbol{R}(\boldsymbol{I}-\boldsymbol{H}(\boldsymbol{H}^{\mathrm{T}}\boldsymbol{R}^{-1}\boldsymbol{H})^{-1}\boldsymbol{H}^{\mathrm{T}}\boldsymbol{R}^{-1})=\\&\boldsymbol{R}-\boldsymbol{H}(\boldsymbol{H}^{\mathrm{T}}\boldsymbol{R}^{-1}\boldsymbol{H})^{-1}\boldsymbol{H}^{\mathrm{T}}\end{aligned} \tag{4.4}$$

即

$$\bar{\boldsymbol{W}}=(\boldsymbol{R}-\boldsymbol{H}(\boldsymbol{H}^{\mathrm{T}}\boldsymbol{R}^{-1}\boldsymbol{H})^{-1}\boldsymbol{H}^{\mathrm{T}})^{-1} \tag{4.5}$$

对于最优加权的非线性最小二乘估计的模型校验，仍采用式(4.4)，其中 $\boldsymbol{H}$ 为最后一次迭代所用的线性化量测矩阵。观察式(4.4)，$\boldsymbol{H}(\boldsymbol{H}^{\mathrm{T}}\boldsymbol{R}^{-1}\boldsymbol{H})^{-1}\boldsymbol{H}^{\mathrm{T}}$ 是半正定矩阵，因而有 $\bar{\boldsymbol{W}}^{-1}\leqslant\boldsymbol{R}$，即 $\bar{\boldsymbol{W}}\geqslant\boldsymbol{R}^{-1}=\boldsymbol{W}$。

最小二乘估计性能指标式(3.8) 与拟合优度式(4.2) 看上去类似。除了加权矩阵不同外，两者在使用方面也有很大的不同。对于最小二乘估计，参数估计力图使得式(3.8) 最小化。对于模型校验，拟合优度式(4.2) 不能太大也不能太小。拟合优度式(4.2) 太大有欠拟合风险，太小有过拟合风险。下面将分情况检验模型的过拟合和欠拟合。

1. 观测误差 $\boldsymbol{v}$ 服从正态分布

在模型设计符合实际的情况下，g_{fit} 可表示为

$$\begin{aligned}g_{\text{fit}}&=\boldsymbol{v}^{\mathrm{T}}(\boldsymbol{I}-\boldsymbol{H}(\boldsymbol{H}^{\mathrm{T}}\boldsymbol{R}^{-1}\boldsymbol{H})^{-1}\boldsymbol{H}^{\mathrm{T}}\boldsymbol{R}^{-1})^{\mathrm{T}}\boldsymbol{R}^{-1}(\boldsymbol{I}-\boldsymbol{H}(\boldsymbol{H}^{\mathrm{T}}\boldsymbol{R}^{-1}\boldsymbol{H})^{-1}\boldsymbol{H}^{\mathrm{T}}\boldsymbol{R}^{-1})\boldsymbol{v}=\\&\boldsymbol{v}^{\mathrm{T}}(\boldsymbol{R}^{-1}-\boldsymbol{R}^{-1}\boldsymbol{H}(\boldsymbol{H}^{\mathrm{T}}\boldsymbol{R}^{-1}\boldsymbol{H})^{-1}\boldsymbol{H}^{\mathrm{T}}\boldsymbol{R}^{-1})\boldsymbol{v}=\\&\boldsymbol{v}^{\mathrm{T}}\boldsymbol{R}^{-1/2}(\boldsymbol{I}-\boldsymbol{R}^{-1/2}\boldsymbol{H}(\boldsymbol{H}^{\mathrm{T}}\boldsymbol{R}^{-1}\boldsymbol{H})^{-1}\boldsymbol{H}^{\mathrm{T}}\boldsymbol{R}^{-1/2})\boldsymbol{R}^{-1/2}\boldsymbol{v}=\\&\bar{\boldsymbol{v}}^{\mathrm{T}}\boldsymbol{A}\bar{\boldsymbol{v}}\end{aligned} \tag{4.6}$$

式中，$\bar{\boldsymbol{v}}=\boldsymbol{R}^{-1/2}\boldsymbol{v}\sim N(0,\boldsymbol{I})$；$\boldsymbol{A}=\boldsymbol{I}-\boldsymbol{R}^{-1/2}\boldsymbol{H}(\boldsymbol{H}^{\mathrm{T}}\boldsymbol{R}^{-1}\boldsymbol{H})^{-1}\boldsymbol{H}^{\mathrm{T}}\boldsymbol{R}^{-1/2}$；$\boldsymbol{R}^{-1/2}$ 为 $\boldsymbol{R}^{-1}$ 的二次方根，满足 $\boldsymbol{R}^{-1/2}\boldsymbol{R}^{-1/2}=\boldsymbol{R}^{-1}$，可用 Matlab 中 sqrtm ($\boldsymbol{R}^{-1}$) 命令获得。可以验证 $\boldsymbol{A}\boldsymbol{A}=\boldsymbol{A}$，即 $\boldsymbol{A}$ 为幂等矩阵。由于幂等矩阵的特征根只能为 0 或者 1，因此可通过计算 $\boldsymbol{A}$ 的迹确定特征根 1 的个数。下面计算 $\boldsymbol{A}$ 的迹：

$$\begin{aligned}\mathrm{Tr}(\boldsymbol{A})&=\mathrm{Tr}(\boldsymbol{I}-\boldsymbol{R}^{-1/2}\boldsymbol{H}(\boldsymbol{H}^{\mathrm{T}}\boldsymbol{R}^{-1}\boldsymbol{H})^{-1}\boldsymbol{H}^{\mathrm{T}}\boldsymbol{R}^{-1/2})=\\&\mathrm{Tr}(\boldsymbol{I}_N)-\mathrm{Tr}(\boldsymbol{R}^{-1/2}\boldsymbol{H}(\boldsymbol{H}^{\mathrm{T}}\boldsymbol{R}^{-1}\boldsymbol{H})^{-1}\boldsymbol{H}^{\mathrm{T}}\boldsymbol{R}^{-1/2})=\\&N-\mathrm{Tr}(\boldsymbol{R}^{-1/2}\boldsymbol{H}(\boldsymbol{H}^{\mathrm{T}}\boldsymbol{R}^{-1}\boldsymbol{H})^{-1}\boldsymbol{H}^{\mathrm{T}}\boldsymbol{R}^{-1/2})=\\&N-\mathrm{Tr}((\boldsymbol{H}^{\mathrm{T}}\boldsymbol{R}^{-1}\boldsymbol{H})^{-1}\boldsymbol{H}^{\mathrm{T}}\boldsymbol{R}^{-1/2}\boldsymbol{R}^{-1/2}\boldsymbol{H})=\\&N-m\end{aligned} \tag{4.7}$$

由式(4.7)可知，$\boldsymbol{A}$ 具有 $N-m$ 个非零特征值。也就是说，$\boldsymbol{A}$ 的秩为 $N-m$，因而 g_{fit} 服从自由度为 $N-m$ 的卡方分布：

$$g_{\text{fit}} \sim \chi^2(N-m) \tag{4.8}$$

式中，N 为观测 $\boldsymbol{y}$ 的维数；m 为待估计参数 $\boldsymbol{x}$ 的维数。$N-m$ 表征了用 N 个数据点在完成模型参数估计后所剩余的拟合自由度。采用卡方分布假设检验模型是否欠拟合：如果拟合误差过大，即满足如下检验显著不等式：

$$g_{\text{fit}} > \chi^2_{N-m}(1-\alpha) \tag{4.9}$$

则以 $1-\alpha$ 的置信确定模型欠拟合。式中，$\chi^2_{N-m}(1-\alpha)$ 为 $N-m$ 自由度卡方分布在 $1-\alpha$ 置信的阈值，可以由卡方分布检验表查得；$\alpha \ll 1$，通常取 5% 或 1%。

如果观测误差 $\boldsymbol{v}$ 服从正态分布，则在模型设计符合实际的情况下参数各分量的估计服从正态分布：

$$\hat{x}_i \sim N(x_i, 1/\overline{w}_{ii}) \tag{4.10}$$

式中，$\overline{w}_{ii}$ 为 $\overline{\boldsymbol{W}}$ 的第 i 个对角元素。如果式(4.1)的第 i 个参数不必要，即 $x_i=0$，则可以利用式(4.10)的统计分布，采用参数显著性检验判定过拟合，有

$$\mathrm{H}_0(\text{第 } i \text{ 个参数过拟合})：x_i = 0 \tag{4.11}$$

$$\mathrm{H}_1(\text{第 } i \text{ 个参数非过拟合})：x_i \neq 0 \tag{4.12}$$

给定过拟合漏报概率 $P\{\mathrm{H}_1 \text{ 为真} \mid \mathrm{H}_0 \text{ 为真}\} = \alpha$，判定 H_1 成立的条件为

$$\overline{w}_{ii}^{1/2}\left|\hat{x}_i\right| > G(1-\alpha/2) \tag{4.13}$$

式中，$G(1-\alpha/2)$ 满足标准正态分布随机变量落入 $[-G(1-\alpha/2), G(1-\alpha/2)]$ 区间的概率为 $1-\alpha$。$G(1-\alpha/2)$ 可以由正态分布检验表查得。

2. 观测误差 $\boldsymbol{v}$ 不服从正态分布

在此情况下，上述的假设检验不可用。不过在模型设计符合实际的情况下，g_{fit} 均值和方差仍然分别为 $N-m$ 和 $2(N-m)$。也就是说，$g_{\text{fit}}/(N-m)$ 是均值和方差分别为 1 和 $2/(N-m)$ 的随机变量。当 $N-m$ 足够大时，可以认为 $g_{\text{fit}}/(N-m)$ 的方差趋向 0。也就是说，$g_{\text{fit}}/(N-m)$ 计算不再随测试数据的增加而变化，$g_{\text{fit}}/(N-m)$ 始终在 1 邻域内呈现出统计上的稳定。这种情况表征“模型选择符合实际”，即模型与数据是一致的。如果 $g_{\text{fit}}/(N-m)$ 接近 0，则有过拟合风险；如果 $g_{\text{fit}}/(N-m)$ 远大于 1，则有欠拟合风险。判定接近 0 或者远大于 1 的阈值需要经验设计。

由式(4.2)可见，$g_{\text{fit}}/(N-m)$ 是 N 个拟合误差二次方的平均。根据中心极限定理，在 N 足够大的情况下，$g_{\text{fit}}/(N-m) \sim N(1, 2/(N-m))$，则有

$$\bar{g} = \sqrt{\frac{N-m}{2}}\left(\frac{g_{\text{fit}}}{N-m} - 1\right) \sim N(0,1) \tag{4.14}$$

故欠拟合判定条件为

$$\left|\bar{g}\right| > G(1-\alpha/2) \tag{4.15}$$

$\hat{x}_i$ 由 N 个量测分量计算而得。特别是对于线性最小二乘估计，$\hat{x}_i$ 是 N 个量测分量的线性组合。因此根据中心极限定理，在 N 足够大的情况下，式(4.10)的正态分布仍然有效，可以采用式(4.13)判定过拟合。

通过上述两种情况，可以检验模型的欠拟合和过拟合。如果发现欠拟合，则需要根据拟合

误差的趋势，补充完善模型，基于新模型重新做最小二乘估计，如此反复直到欠拟合得到解决。在此基础上，检验各参数是否存在过拟合，将过拟合最严重的的参数去除，简化模型，基于新模型重新做最小二乘估计，如此反复直到过拟合得到解决。如果采用不同的模型 $\boldsymbol{f}$ 获得非常相近的 g_{fit}，则模型参数个数小的 $\boldsymbol{f}$ 应该优先采用，因为对于相同性能，模型越简单越可靠。

4.2　估计参数的不确定度

回顾式(3.9) ～ 式(3.13) 所给出的第 i 次迭代修正的公式，只要将 $\hat{\boldsymbol{x}}^{(i)}$ 替换为最终的估计 $\hat{\boldsymbol{x}}$，则可得到估计随拟合误差的摄动关系：

$$\Delta\hat{\boldsymbol{x}} = (\boldsymbol{H}^{\mathrm{T}}\boldsymbol{W}\boldsymbol{H})^{-1}\boldsymbol{H}^{\mathrm{T}}\boldsymbol{W}\Delta\boldsymbol{y} \tag{4.16}$$

式中

$$\Delta\hat{\boldsymbol{x}} = \boldsymbol{x} - \hat{\boldsymbol{x}} \tag{4.17}$$

$$\Delta\boldsymbol{y} = \boldsymbol{y} - \boldsymbol{f}(\hat{\boldsymbol{x}}) \tag{4.18}$$

$$\boldsymbol{H} = \left.\frac{\mathrm{d}\boldsymbol{f}}{\mathrm{d}\boldsymbol{x}}\right|_{\boldsymbol{x}=\hat{\boldsymbol{x}}} \tag{4.19}$$

显然，$\Delta\hat{\boldsymbol{x}}$ 反映了拟合误差对估计结果的影响。$\boldsymbol{H}$ 也称 $\boldsymbol{f}$ 关于 $\boldsymbol{x}$ 的雅可比矩阵。当加权矩阵为量测误差协方差矩阵的逆情况下，$(\boldsymbol{H}^{\mathrm{T}}\boldsymbol{W}\boldsymbol{H})^{-1}$ 为 $\Delta\hat{\boldsymbol{x}}$ 的协方差矩阵，即

$$\boldsymbol{C} = \mathrm{E}(\Delta\hat{\boldsymbol{x}}\,\Delta\hat{\boldsymbol{x}}^{\mathrm{T}}) = (\boldsymbol{H}^{\mathrm{T}}\boldsymbol{W}\boldsymbol{H})^{-1} \tag{4.20}$$

其对角元素 $c_{ii} = \mathrm{E}(\Delta\hat{x}_i\Delta\hat{x}_i)$ 表征了第 i 个参数的估计精度。度量第 i 个参数的估计质量，需要考虑两个因素：一个是估计精度，一个是拟合质量。这是因为如果拟合质量很差，则线性化不可靠，式(4.20) 也将不再是估计误差的协方差。为此，将估计精度和拟合优度相乘，获得第 i 个参数的估计不确定性度量：

$$u_i = g_{\text{fit}}c_{ii} \tag{4.21}$$

在模型校验时，如果有一个或者多个 u_i 很大，则说明模型设计是不适当的。

对于待估计参数为常数情况，有

$$y_i = x + v_i \tag{4.22}$$

式中，白噪声 $v_i \sim N(0,\sigma_v^2)$。从而有 $\boldsymbol{H} = \boldsymbol{I}$，在权重矩阵 $\boldsymbol{W} = \boldsymbol{I}$ 情况下，$\boldsymbol{C} = \boldsymbol{I}$，$u_i = \sigma_v^2/N$。

对于待估计参数为仿射函数情况，有

$$y_i = x_1 + a_i x_2 + v_i \tag{4.23}$$

则有

$$\boldsymbol{C} = \begin{bmatrix} \sum\limits_{i=1}^{N} w_i & \sum\limits_{i=1}^{N} w_i a_i \\ \sum\limits_{i=1}^{N} w_i a_i & \sum\limits_{i=1}^{N} w_i a_i^2 \end{bmatrix}^{-1} = \frac{\begin{bmatrix} \sum\limits_{i=1}^{N} w_i a_i^2 & -\sum\limits_{i=1}^{N} w_i a_i \\ -\sum\limits_{i=1}^{N} w_i a_i & \sum\limits_{i=1}^{N} w_i \end{bmatrix}}{\sum\limits_{i=1}^{N} w_i \sum\limits_{i=1}^{N} w_i a_i^2 - \left(\sum\limits_{i=1}^{N} w_i a_i\right)^2} \tag{4.24}$$

4.3 数据逼近的不确定度

数据拟合的目的不限于对给定数据点的逼近。利用数据拟合所获得的数据模型，可以推算其他条件下数据或者测量。因此，关心 $\boldsymbol{f}(\hat{\boldsymbol{x}})$ 相对 $\boldsymbol{f}(\boldsymbol{x})$ 的推算偏差。考虑到函数推算误差是针对每个函数的，因此函数推算的不确定度只需要考察标量输出的函数。

对函数 $f(\boldsymbol{x})$ 在估计点做泰勒展开近似，有

$$f(\boldsymbol{x})-f(\hat{\boldsymbol{x}})\approx\left.\frac{\mathrm{d}f}{\mathrm{d}\boldsymbol{x}}\right|_{\boldsymbol{x}=\hat{\boldsymbol{x}}}\Delta\boldsymbol{x} \tag{4.25}$$

定义函数推算不确定度：

$$g_{\text{app}}=\sqrt{\mathrm{E}(f(\boldsymbol{x})-f(\hat{\boldsymbol{x}}))^2} \tag{4.26}$$

将式(4.25)代入式(4.26)，有

$$\begin{aligned}g_{\text{app}}\approx&\sqrt{\mathrm{E}\left(\sum_{j=1}^{m}\sum_{k=1}^{m}\left(\left.\frac{\mathrm{d}f}{\mathrm{d}x_j}\right|_{x=\hat{x}}\right)\left(\left.\frac{\mathrm{d}f}{\mathrm{d}x_k}\right|_{x=\hat{x}}\right)(x_j-\hat{x}_j)(x_k-\hat{x}_k)\right)}=\\&\sqrt{\sum_{j=1}^{m}\left(\left.\frac{\mathrm{d}f}{\mathrm{d}x_j}\right|_{x=\hat{x}}\right)^2\mathrm{E}(x_j-\hat{x}_j)^2+\sum_{\substack{j,k=1\\j\neq k}}^{m}\left(\left.\frac{\mathrm{d}f}{\mathrm{d}x_j}\right|_{x=\hat{x}}\right)\left(\left.\frac{\mathrm{d}f}{\mathrm{d}x_k}\right|_{x=\hat{x}}\right)\mathrm{E}(x_j-\hat{x}_j)(x_k-\hat{x}_k)}=\\&\sqrt{\sum_{j=1}^{m}\left(\left.\frac{\mathrm{d}f}{\mathrm{d}x_j}\right|_{x=\hat{x}}\right)^2\sigma_{jj}^2+\sum_{\substack{j,k=1\\j\neq k}}^{m}\left(\left.\frac{\mathrm{d}f}{\mathrm{d}x_j}\right|_{x=\hat{x}}\right)\left(\left.\frac{\mathrm{d}f}{\mathrm{d}x_k}\right|_{x=\hat{x}}\right)\sigma_{jk}^2}\end{aligned} \tag{4.27}$$

式中，$\sigma_{jj}^2=\mathrm{E}(x_j-\hat{x}_j)^2$ 为第 j 个参数的估计误差方差；$\sigma_{jk}^2=\mathrm{E}(x_j-\hat{x}_j)(x_k-\hat{x}_k)$ 为第 j 个参数估计误差和第 k 个参数估计误差之间的协方差。式(4.27)表征了各参数估计误差对函数推算不确定性的贡献。例如，对于自变量 a 和因变量 y 的直线拟合，有 $f(x)=x_1+x_2a$。由此得到 $\frac{\mathrm{d}f}{\mathrm{d}x_1}=1$，$\frac{\mathrm{d}f}{\mathrm{d}x_2}=a$，从而有

$$g_{\text{app}}=\sqrt{\sigma_{11}^2+a^2\sigma_{22}^2+2a\sigma_{12}^2}$$

由此可见，函数推断的不确定度是条件 a 的函数。对于直线拟合，函数推断的不确定度会随着 a 的幅度增加而增加。例如 a 代表时间，则线性时间函数推断会随着时间增加而更加不确定。

4.4 绘图检验

利用绘图方式，能够比较快地构建模型，改善模型。本节给出两个绘图检验的经典示例。

示例 4.1(曲线拟合) 考虑获得如图 4.1 所示的 31 次观测数据，其中横坐标为条件 a，纵坐标为观测值 y。可以看出，y 关于 a 主要的趋势大致是线性关系，因此构造模型：$y_i=x_1+x_2a+v_i$。

由此可以得到如图 4.2 所示的拟合曲线，从总体上看，拟合是合适的。

进一步画出拟合误差曲线，如图 4.3 所示。可以看到，误差分布并非白噪声特性。如果拟合误差不可接受，则可以对拟合误差进一步采用二次曲线拟合，大致是如图 4.3 所示的曲线。至此，拟合函数是图 4.2 所示直线拟合函数和图 4.3 所示二次曲线拟合函数的叠加。重复上述过程，直到拟合误差的幅度足够小为止。图 4.3 显示二次拟合后的曲线基本位于误差点的平

均值,拟合结果令人满意。

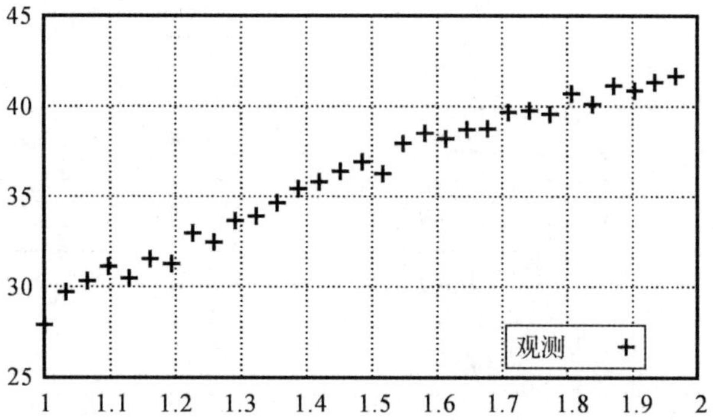

图 4.1　观测数据图

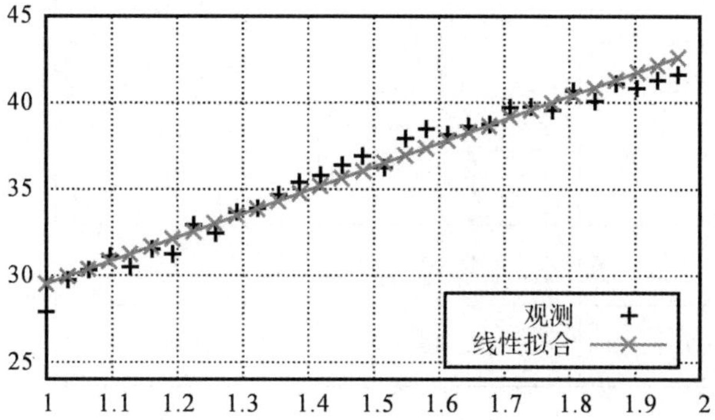

图 4.2　直线模型拟合图

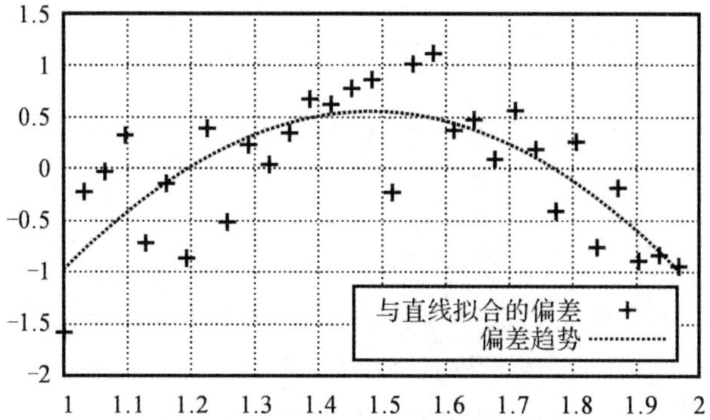

图 4.3　直线拟合误差图

表 4.1　拟合分析表

	$m=2$	$m=3$	$m=4$
$\hat{x}_1$	11.97	10.34	10.34
$\overline{w}_{11}^{-1/2}$	0.258	0.388	0.388

续 表

	$m=2$	$m=3$	$m=4$
$\bar{w}_{11}^{1/2}\hat{x}_1$	46.38	26.60	26.60
$\hat{x}_2$	0.996	0.997	1.114
$\bar{w}_{22}^{-1/2}$	0.059	0.059	0.151
$\bar{w}_{22}^{1/2}\hat{x}_2$	16.67	16.67	7.341
$\hat{x}_3$		0.174	0.174
$\bar{w}_{33}^{-1/2}$		0.031	0.031
$\bar{w}_{33}^{1/2}\hat{x}_3$		5.611	5.611
$\hat{x}_4$			0.021
$\bar{w}_{44}^{-1/2}$			0.025
$\bar{w}_{44}^{1/2}\hat{x}_4$			0.843
g_{fit}	41.67	13.18	12.47
$\chi_{15-m}^2(95\%)$	22.40	21.00	19.70

示例 4.2(目标跟踪) 考虑多项式拟合机动目标位置的时间规律问题。设实际数据生成方式为

$$y_i=\sum_{k=1}^{3}x_k\frac{t_i^{k-1}}{k!}+v_i \tag{4.28}$$

式中,$x_1=10$, $x_2=1$, $x_3=0.2$;$t_i=(2i-k-1)/2$, $i=1,\cdots,k$, $k=15$;$v_i\sim N(0,1)$ 。线性最小二乘估计基于如下模型:

$$y_i=\sum_{k=1}^{m}x_k\frac{t_i^{k-1}}{k!}+v_i \tag{4.29}$$

式中,多项式拟合阶次 m 分别取 2,3,4。权矩阵均为单位矩阵。拟合结果见表 4. 1。可以看出,$g_{\text{fit}}=41.67>22.40=\chi_{13}^2(95\%)$,因此 $m=2$ 属于欠拟合。对于 $m=3$ 和 $m=4$,$g_{\text{fit}}<\chi_{15-m}^2(95\%)$,因此以 95% 的置信可以确定不属于欠拟合。从 $\bar{w}_{44}^{1/2}\hat{x}_4=0.843<1.96=G(0.975)$,可知参数 x_4 属于过拟合。对比 $m=2$ 和 $m=4$ 情况下 $\hat{x}_2$ 的估计误差标准差 $\bar{w}_{22}^{-1/2}$,有 $0.059<0.151$,即过拟合会带来更大的估计误差。

采用直线、二次曲线和三次曲线拟合结果如图 4.4 ~ 图 4.6 所示,其中"·"代表真实轨线,"×"代表量测,"--"代表拟合的轨迹,"—"代表 95% 的置信边界。在图 4.4 中,超过 95% 的量测位于直线拟合置信区域外,这表明欠拟合。图 4.5 所示二次曲线拟合相对直线拟合置信区域明显变宽,大约 95% 的量测位于二次曲线拟合置信区域内。图 4.6 所示三次曲线拟合相对于二次曲线拟合,置信区域进一步变宽,不过落入置信区域的量测比例并未明显增加。从避免

欠拟合并追求尽量少参数的目标出发，$m=3$ 是合适的。

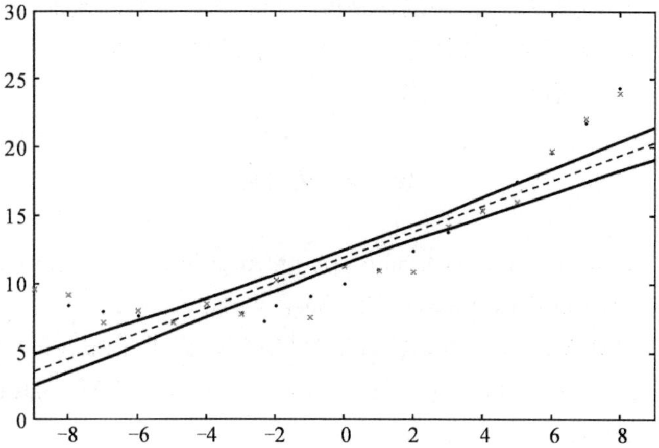

图 4.4　采用直线拟合图

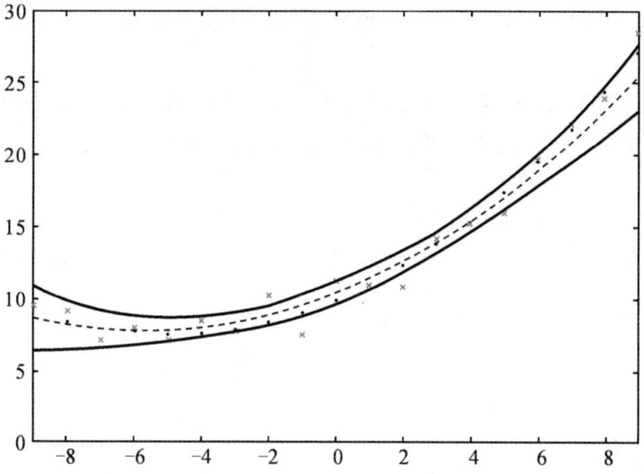

图 4.5　采用二次曲线拟合图

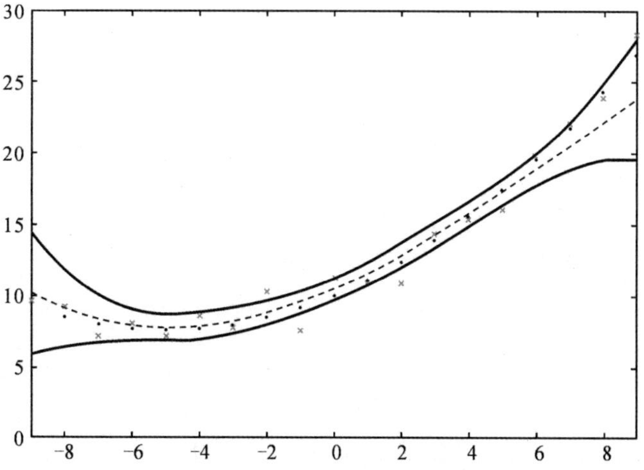

图 4.6　采用三次曲线拟合图

绘图检验每次拟合一个主要的趋势项，是一种渐次完善模型的过程。需要说明的是，在数据点较少的情况下，很难分辨拟合误差波动是模型趋势项被忽略引起的，还是数据蕴涵噪声的影响。因此，绘图检验需要足够的数据点。另外，对于指数增长的趋势项，绘图检验对于开始时的数据不明显，很难从拟合误差中发现。

参考文献

[1] STRUTZ T. Data fitting and uncertainty: A practical introduction to weighted least squares and beyond[M]. Wiesbaden: Vieweg+Teubner Verlag, 2011.

[2] BAR-SHALOM Y, LI X R, KIRUBARAJAN T. Estimation with applications to tracking and navigation: Theory algorithms and software[M]. Hoboken: John Wiley & Sons, Inc., 2001.

[3] BEVINGTON P R, ROBINSON D K. Data reduction and error analysis for the physical sciences[M]. 2nd ed. New York: McGraw-Hill, 1992.

[4] RYAN T P. Modern regression methods[M]. Hoboken: John Wiley & Sons, Inc., 1997.

[5] PRESS W H, TEUKOLSKY S A, VETTERLING W T, et al. Numerical recipes in C[M]. 2nd ed. Cambridge: Cambridge University Press, 1992.

第 5 章　数据压缩下的最小二乘估计

5.1　数据压缩下最小二乘估计问题的提出

随着感知技术在成本和分辨率方面极大的提升，量测越来越多，以至于估计器不一定能直接处理利用所有量测。一个例子是无线传感器网络：由于传感器通常在室外远距离分布式部署，在各传感器自带电池长寿命工作的要求下，数据不适宜远距离大规模传输后集中融合。另一个例子是终端通信系统：终端设备通常很小而且便宜，内存常常受到限制，不可能存储大量量测实现信道状态估计。对原始数据压缩还涉及图像处理、电网和机器人网络等领域。

实现数据压缩，一种方法是量化数据，另一种方法是压缩量测维数。本章考虑压缩量测维数与随后的最小二乘估计综合设计。

考虑如下量测模型：

$$\boldsymbol{z}=\boldsymbol{H}\boldsymbol{x}+\boldsymbol{v} \tag{5.1}$$

式中，$\boldsymbol{x}$ 为n维待估计参数向量；$\boldsymbol{z}$ 为m 维量测向量；$\boldsymbol{H}$ 为$m\times n$ 的量测矩阵，且$m\geqslant n$；$\boldsymbol{v}$ 为噪声向量。不失一般性，假设 $\boldsymbol{x}$ 和$\boldsymbol{v}$ 先验已知是零均值。整个量测向量 $\boldsymbol{z}$ 是由 p 个传感器观测而得的，其中第i 个传感器对应的量测为$\boldsymbol{z}_i$，因而有 $\boldsymbol{z}=[\boldsymbol{z}_1^{\mathrm{T}},\cdots,\boldsymbol{z}_p^{\mathrm{T}}]^{\mathrm{T}}$。与之相应，式(5.1) 可以写成传感器分块形式：

$$\begin{bmatrix}\boldsymbol{z}_1\\ \vdots\\ \boldsymbol{z}_p\end{bmatrix}=\begin{bmatrix}\boldsymbol{H}_1\\ \vdots\\ \boldsymbol{H}_p\end{bmatrix}\boldsymbol{x}+\begin{bmatrix}\boldsymbol{v}_1\\ \vdots\\ \boldsymbol{v}_p\end{bmatrix} \tag{5.2}$$

如图 5.1 所示，对于式(5.2) 的最小二乘估计问题可以描述为：给定各传感器的量测 $\boldsymbol{z}_i$，$i=1$，$\cdots$，p，在各传感器本地分别设计数据压缩增益 $\boldsymbol{K}_i$ 获得维数压缩后的数据 $\boldsymbol{y}_i$；将 $\boldsymbol{y}_i$ 传输到融合中心，通过加权融合获得 $\boldsymbol{x}$ 的最优估计，其中 $\boldsymbol{L}_i$ 为数据加权增益。数据压缩下的最小二乘估计需要确定最优的数据压缩增益和数据加权增益。

据此，参数估计可表示为

$$\hat{\boldsymbol{x}}=\sum_{i=1}^{p}\boldsymbol{L}_i\boldsymbol{y}_i=\sum_{i=1}^{p}\boldsymbol{L}_i\boldsymbol{K}_i\boldsymbol{z}_i=\sum_{i=1}^{p}\boldsymbol{G}_i\boldsymbol{z}_i \tag{5.3}$$

式中，$\boldsymbol{y}_i=\boldsymbol{K}_i\boldsymbol{z}_i$ 为 c_i 维的数据向量。

根据正交原理，可得估计的均方误差(MSE) 为

$$\mathrm{E}[(\hat{\boldsymbol{x}}-\boldsymbol{x})^2]=\mathrm{E}[(\hat{\boldsymbol{x}}_{\mathrm{LMMSE}}-\boldsymbol{x})^2]+\mathrm{E}[(\hat{\boldsymbol{x}}-\hat{\boldsymbol{x}}_{\mathrm{LMMSE}})^2] \tag{5.4}$$

式中，$\hat{\boldsymbol{x}}_{\mathrm{LMMSE}}$ 为线性最小均方误差(LMMSE) 估计器的输出，其形式为

$$\hat{\boldsymbol{x}}_{\mathrm{LMMSE}}=\boldsymbol{W}\boldsymbol{z}=[\boldsymbol{\Sigma}_x-\boldsymbol{\Sigma}_x\boldsymbol{H}^{\mathrm{T}}\boldsymbol{\Sigma}_e^{-1}\boldsymbol{H}(\boldsymbol{\Sigma}_x^{-1}+\boldsymbol{H}^{\mathrm{T}}\boldsymbol{\Sigma}_e^{-1}\boldsymbol{H})^{-1}]\boldsymbol{H}^{\mathrm{T}}\boldsymbol{\Sigma}_e^{-1}\boldsymbol{z} \tag{5.5}$$

式中，$\boldsymbol{\Sigma}_x$ 和 $\boldsymbol{\Sigma}_e$ 分别为 $\boldsymbol{x}$ 和 $\boldsymbol{v}$ 的协方差矩阵。考虑到各传感器独立采样的一般情况，则 $\boldsymbol{\Sigma}_e$ 可表示为 $\boldsymbol{\Sigma}_{e_i}$，$i=1,\cdots,p$，组成的块对角矩阵，其中 $\boldsymbol{\Sigma}_{e_i}$ 为 $\boldsymbol{v}_i$ 的协方差矩阵。对于 $i=1,\cdots,p$，定义

$$\boldsymbol{W}_i = [\boldsymbol{\Sigma}_x - \boldsymbol{\Sigma}_x \boldsymbol{H}^{\mathrm{T}} \boldsymbol{\Sigma}_e^{-1} \boldsymbol{H} (\boldsymbol{\Sigma}_x^{-1} + \boldsymbol{H}^{\mathrm{T}} \boldsymbol{\Sigma}_e^{-1} \boldsymbol{H})^{-1}] \boldsymbol{H}_i^{\mathrm{T}} \boldsymbol{\Sigma}_{e_i}^{-1} \tag{5.6}$$

则式(5.5) 可以写为

$$\hat{\boldsymbol{x}}_{\mathrm{LMMSE}} = \sum_{i=1}^{p} \boldsymbol{W}_i \boldsymbol{z}_i \tag{5.7}$$

式(5.4) 中的 $\mathrm{E}[(\hat{\boldsymbol{x}}_{\mathrm{LMMSE}} - \boldsymbol{x})^2]$ 是常量，与估计器设计无关，因而最小化 MSE 等价于最小化 $\mathrm{E}[(\hat{\boldsymbol{x}} - \hat{\boldsymbol{x}}_{\mathrm{LMMSE}})^2]$，代入式(5.3) 和式(5.7)，可得

$$\mathrm{E}[(\hat{\boldsymbol{x}} - \hat{\boldsymbol{x}}_{\mathrm{LMMSE}})^2] = \mathrm{Tr}[(\boldsymbol{G} - \boldsymbol{W}) \boldsymbol{\Sigma}_z (\boldsymbol{G} - \boldsymbol{W})^{\mathrm{T}}] \tag{5.8}$$

式中，$\boldsymbol{\Sigma}_z = \boldsymbol{H} \boldsymbol{\Sigma}_x \boldsymbol{H}^{\mathrm{T}} + \boldsymbol{\Sigma}_e$；$\boldsymbol{G} = [\boldsymbol{G}_1, \cdots, \boldsymbol{G}_p]$。

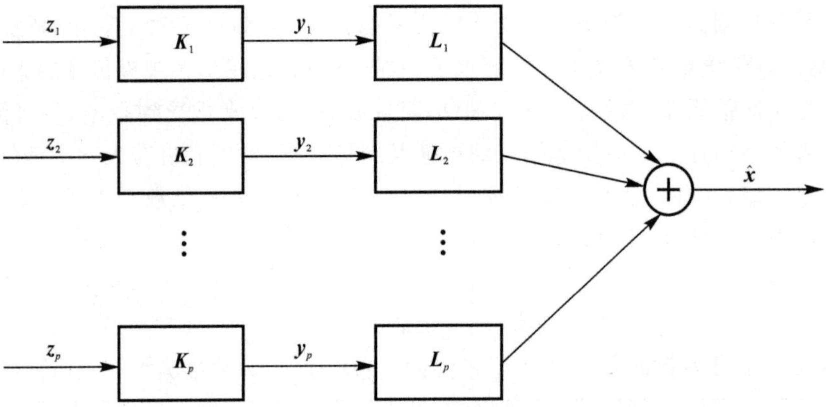

图 5.1　分层处理结构

由于 $\boldsymbol{K}_i$ 的行数对应于 $\boldsymbol{y}_i$ 的维数，$\mathrm{rank}(\boldsymbol{K}_i)$ 总是不大于 c_i。由 $\boldsymbol{G}_i = \boldsymbol{L}_i \boldsymbol{K}_i$，进一步，有 $\mathrm{rank}(\boldsymbol{G}_i) \leqslant \mathrm{rank}(\boldsymbol{K}_i) \leqslant c_i$。因此，根据式(5.4) 和式(5.8)，最小化 MSE 的优化问题可以表述成如下形式：

$$\begin{aligned} \min_{\boldsymbol{G}_i} \quad & \mathrm{Tr}[(\boldsymbol{G} - \boldsymbol{W}) \boldsymbol{\Sigma}_z (\boldsymbol{G} - \boldsymbol{W})^{\mathrm{T}}] \\ \text{s.t.} \quad & \mathrm{rank}(\boldsymbol{G}_i) \leqslant c_i, \forall i \end{aligned} \tag{5.9}$$

显然，式(5.9) 中 $\boldsymbol{K}_i$ 和 $\boldsymbol{L}_i$ 的解不唯一，因为 $\boldsymbol{L}_i' = \boldsymbol{L}_i \boldsymbol{Q}_i$ 和 $\boldsymbol{K}_i' = \boldsymbol{Q}_i^{-1} \boldsymbol{K}_i$ 也满足 $\boldsymbol{L}_i' \boldsymbol{K}_i' = \boldsymbol{G}_i$，其中 $\boldsymbol{Q}_i$ 是具有适当维数的任意可逆矩阵。使用奇异值分解，可给出 $\boldsymbol{K}_i$ 和 $\boldsymbol{L}_i$ 的一组解：

$$\boldsymbol{G}_i = \underbrace{\boldsymbol{U}_i}_{\boldsymbol{L}_i} \underbrace{\boldsymbol{\Sigma}_i \boldsymbol{V}_i^{\mathrm{T}}}_{\boldsymbol{K}_i} = \boldsymbol{L}_i \boldsymbol{K}_i \tag{5.10}$$

5.2　无损压缩

定理 5.1　对于由式(5.9) 约束，式(5.3) 定义的实现全局 LMMSE 状态估计的估计，c_i 的充要条件是 $\forall i$，$c_i \geqslant \mathrm{rank}(\boldsymbol{H}_i)$。

证明：首先由式(5.6)，有 $\mathrm{rank}(\boldsymbol{W}_i) = \mathrm{rank}(\boldsymbol{H}_i)$。下面将证明 $c_i \geqslant \mathrm{rank}(\boldsymbol{W}_i)$ 是充要条件。

（充分性）如果 $c_i \geqslant \mathrm{rank}(\boldsymbol{W}_i)$，那么 $\boldsymbol{W}$ 处于由 c_i 约束的低秩空间。为所有块选择 $\boldsymbol{G}_i = \boldsymbol{W}_i$，那么 $\boldsymbol{G} = \boldsymbol{W}$，实现 LMMSE。

（必要性）式(5.3) 中的状态估计 $\hat{\boldsymbol{x}}(\boldsymbol{z})$ 作为 $\boldsymbol{z}$ 的函数，如果对于任意 $\boldsymbol{z}$，都有 $\hat{\boldsymbol{x}}(\boldsymbol{z}) = \hat{\boldsymbol{x}}_{\mathrm{LMMSE}}(\boldsymbol{z})$，其中 $\hat{\boldsymbol{x}}_{\mathrm{LMMSE}}(\boldsymbol{z})$ 在式(5.7) 定义，那么它实现 LMMSE。下面将通过反证来证明必要性。

假设存在一个标号为 s 的块，使得 $c_s < \mathrm{rank}(\boldsymbol{W}_s)$。令 $\dim(\Omega)$ 表示线性空间 Ω 的维数，因为 $\mathrm{rank}(\boldsymbol{G}_s) \leqslant c_s < \mathrm{rank}(\boldsymbol{W}_s)$，所以 $\dim(\Theta_{\boldsymbol{G}_s}) > \dim(\Theta_{\boldsymbol{W}_s})$，其中 $\Theta_{\boldsymbol{G}_s}$ 与 $\Theta_{\boldsymbol{W}_s}$ 分别是 $\boldsymbol{G}_s$ 和 $\boldsymbol{W}_s$ 的零空间。换言之，存在一个向量 $\tilde{\boldsymbol{z}}_s$，使得 $\boldsymbol{G}_s\tilde{\boldsymbol{z}}_s = 0$ 而 $\boldsymbol{W}_s\tilde{\boldsymbol{z}}_s \neq 0$。因此，存在一个向量 $\tilde{\boldsymbol{z}} = [0, \tilde{\boldsymbol{z}}_s, 0]^{\mathrm{T}}$，使得 $\hat{\boldsymbol{x}}(\boldsymbol{z}) = \sum_{i=1}^{p} \boldsymbol{G}_i \boldsymbol{z}_i \neq \sum_{i=1}^{p} \boldsymbol{W}_i \boldsymbol{z}_i = \hat{\boldsymbol{x}}_{\mathrm{LMMSE}}(\boldsymbol{z})$。根据定义，估计 $\hat{\boldsymbol{x}}(\boldsymbol{z})$ 不能实现 LMMSE。因此，$c_i \geqslant \mathrm{rank}(\boldsymbol{H}_i)$ 是估计器 $\boldsymbol{G}$ 实现 LMMSE 的必要条件。

证明完毕。

由定理 5.1 可以看出系统实现 LMMSE，c_i 的最小值是 $\mathrm{rank}(\boldsymbol{H}_i)$。对式(5.2) 中 $\boldsymbol{v}$ 求期望，有 $\mathrm{E}[\boldsymbol{z}_i] = \boldsymbol{H}_i \boldsymbol{x}$，可以看到 $\boldsymbol{z}_i$ 均值中独立量的个数取决于 $\mathrm{rank}(\boldsymbol{H}_i)$。因此，定理 5.1 可以解释为：如果 c_i 至少是 $\boldsymbol{z}_i$ 中独立分量的个数，则量测 $\boldsymbol{z}_i$ 的信息不会丢失。如果将线性组合看作投影，在 $c_i < \mathrm{rank}(\boldsymbol{W}_i)$ 的情况下试图将向量 $\boldsymbol{z}_i$ 投影到基不足的空间中，那么一些信息就会丢失，且无法实现 LMMSE 估计。

5.3　有损压缩

5.3.1　有损压缩估计器设计

5.2 节推导了 LMMSE 估计器的 c_i 下界，即对于超出该下界的任何维数约束，可以获得与 LMMSE 估计器相同的 MSE 性能。然而，对于高通信成本而需要高压缩比的情况，所需维数小于该下界，估计器的设计需要被限制在式(5.9) 给出的低秩空间。显然，目标函数 $\mathrm{Tr}[(\boldsymbol{G} - \boldsymbol{W})\boldsymbol{\Sigma}_z(\boldsymbol{G} - \boldsymbol{W})^{\mathrm{T}}]$ 是二次的，因此是 $\boldsymbol{G}$ 的凸函数，但集合 $\{\boldsymbol{G} \mid \mathrm{rank}(\boldsymbol{G}_i) \leqslant c_i\}$ 不是凸集。本小节提出一个保证收敛的算法来处理这个非凸优化问题。

为了使式(5.9) 更易处理，首先分解协方差矩阵：

$$\boldsymbol{\Sigma}_z = \boldsymbol{Q}\boldsymbol{\Lambda}\boldsymbol{Q}^{\mathrm{T}} = \boldsymbol{\Sigma}_z^{1/2}(\boldsymbol{\Sigma}_z^{1/2})^{\mathrm{T}} \tag{5.11}$$

式中，$\boldsymbol{\Sigma}_z^{1/2} = \boldsymbol{Q}\boldsymbol{\Lambda}^{1/2}$。按照传感器观测维数以分块形式重写 $\boldsymbol{\Sigma}_z^{1/2}$ 为

$$\boldsymbol{\Sigma}_z^{1/2} = \begin{bmatrix} \boldsymbol{A}_1 \\ \vdots \\ \boldsymbol{A}_p \end{bmatrix} = \boldsymbol{A} \tag{5.12}$$

将式(5.12) 代入式(5.9)，有

$$\mathrm{Tr}[(\boldsymbol{G} - \boldsymbol{W})\boldsymbol{\Sigma}_z(\boldsymbol{G} - \boldsymbol{W})^{\mathrm{T}}] = \mathrm{Tr}[(\boldsymbol{G} - \boldsymbol{W})\boldsymbol{\Sigma}_z^{1/2}(\boldsymbol{\Sigma}_z^{1/2})^{\mathrm{T}}(\boldsymbol{G} - \boldsymbol{W})^{\mathrm{T}}] = \left\| \boldsymbol{W}\boldsymbol{\Sigma}_z^{1/2} - \sum_{i=1}^{p} \boldsymbol{G}_i \boldsymbol{A}_i \right\|_{\mathrm{F}}^2 \tag{5.13}$$

式中，矩阵 $\boldsymbol{W}$ 和 $\boldsymbol{\Sigma}_z$ 由系统参数决定，与估计器设计无关。令 $\boldsymbol{Y} = \boldsymbol{W}\boldsymbol{\Sigma}_z^{1/2}$，则式(5.9) 可以被重写为

$$\begin{aligned}&\min_{G_i} \quad \| \boldsymbol{Y}-\boldsymbol{GA} \|_{\mathrm{F}}^{2}\\&\text{s.t.} \quad \operatorname{rank}(\boldsymbol{G}_i)\leqslant c_i,\ \forall i\end{aligned} \tag{5.14}$$

由式(5.14)可知，优化问题归结为在低秩空间中寻找估计器 $\boldsymbol{G}$，以最小化 $\boldsymbol{GA}$ 与点 $\boldsymbol{Y}$ 间的距离。如果 $\boldsymbol{A}$ 是单位矩阵，那么通过丢弃 $\boldsymbol{W}_i$ 最小的奇异值直到 $\operatorname{rank}(\boldsymbol{G}_i)\leqslant c_i$，$\forall i$，很容易获得该解。不过，对于一般的 $\boldsymbol{A}$，没有明确解。

鉴于式(5.14)很难直接求解，可构造与原问题近似的优化问题求解。引入一个新的 $n\times m$ 矩阵 $\boldsymbol{D}$，式(5.14)的目标函数可写为

$$\begin{aligned}\| \boldsymbol{Y}-\boldsymbol{GA} \|_{\mathrm{F}}^{2}&=\| \boldsymbol{Y}-\boldsymbol{DA}+\boldsymbol{DA}-\boldsymbol{GA} \|_{\mathrm{F}}^{2}\leqslant\\&2(\| \boldsymbol{Y}-\boldsymbol{DA} \|_{\mathrm{F}}^{2}+\| \boldsymbol{DA}-\boldsymbol{GA} \|_{\mathrm{F}}^{2})\leqslant\\&2(\| \boldsymbol{Y}-\boldsymbol{DA} \|_{\mathrm{F}}^{2}+\lambda_{(1)}^{2}(\boldsymbol{A})\ \|(\boldsymbol{D}-\boldsymbol{G})\|_{\mathrm{F}}^{2})\end{aligned} \tag{5.15}$$

式中，$\lambda_{(1)}(\boldsymbol{X})$ 为 $\boldsymbol{X}$ 特征值的最大绝对值。至此，试图求解

$$\begin{aligned}&\min_{G_i,D_i} \quad \| \boldsymbol{Y}-\sum_{i=1}^{p}\boldsymbol{D}_i\boldsymbol{A}_i \|_{\mathrm{F}}^{2}+\lambda_{(1)}^{2}(\boldsymbol{A})\Big(\sum_{i=1}^{p}\| \boldsymbol{G}_i-\boldsymbol{D}_i \|_{\mathrm{F}}^{2}\Big)\\&\text{s.t.} \quad \operatorname{rank}(\boldsymbol{G}_i)\leqslant c_i,\ \forall i\end{aligned} \tag{5.16}$$

以最小化式(5.14)的目标函数上界。

使用与参考文献[19]中类似的思想，进一步转化式(5.16)中的问题。用参数 $\gamma>0$ 代替 $\lambda_{(1)}^{2}(\boldsymbol{A})$。这种转换使得算法在选择 γ 时有更多的灵活性，从而进一步提高算法的性能。优化问题变为

$$\begin{aligned}&\min_{G_i,D_i} \quad \| \boldsymbol{Y}-\sum_{i=1}^{p}\boldsymbol{D}_i\boldsymbol{A}_i \|_{\mathrm{F}}^{2}+\gamma\Big(\sum_{i=1}^{p}\| \boldsymbol{G}_i-\boldsymbol{D}_i \|_{\mathrm{F}}^{2}\Big)\\&\text{s.t.} \quad \operatorname{rank}(\boldsymbol{G}_i)\leqslant c_i,\ \forall i\end{aligned} \tag{5.17}$$

式中，$\boldsymbol{G}_i$ 为低秩约束空间中的估计器；$\boldsymbol{D}_i$ 为无约束空间中的估计器。式(5.17)的第一项是在非约束空间中选择的估计与逼近点之间的距离；第二项是在非约束空间中选择的点与其在低秩空间中投影之间的距离。通过平衡因子 γ 同时最小化两个不同的距离可以找到最优估计器。式(5.17)会在无约束空间中得到一个使得 $\| \boldsymbol{Y}-\sum_{i=1}^{p}\boldsymbol{D}_i\boldsymbol{A}_i \|_{\mathrm{F}}^{2}$ 小的估计器 $\boldsymbol{D}$，同时它在低秩空间上的相应投影不会引入太多的性能下降。接下来将详细讨论如何求解这个优化问题并推导其性能界限。

用两个步骤迭代求解式(5.17)：第一步固定 $\boldsymbol{G}_i$ 并优化 $\boldsymbol{D}_i$，第二步固定 $\boldsymbol{D}_i$ 并优化 $\boldsymbol{G}_i$。第一步求解是凸优化，可以由性能指标一阶导数为零获得

$$(\boldsymbol{DA}-\boldsymbol{Y})\boldsymbol{A}_i^{\mathrm{T}}+\gamma(\boldsymbol{D}_i-\boldsymbol{G}_i)=0,\ \forall i \tag{5.18}$$

第二步相当于优化 $\| \boldsymbol{G}_i-\boldsymbol{D}_i \|_{\mathrm{F}}^{2}$，因为 $\| \boldsymbol{Y}-\sum_{i=1}^{p}\boldsymbol{D}_i\boldsymbol{A}_i \|_{\mathrm{F}}^{2}$ 与 $\boldsymbol{G}$ 无关。由 Eckart - Young 定理，有

$$\begin{aligned}&\min_{G} \quad \| \boldsymbol{G}-\boldsymbol{D} \|_{\mathrm{F}}^{2}\\&\text{s.t.} \quad \operatorname{rank}(\boldsymbol{G}_i)\leqslant c_i,\ \forall i\end{aligned} \tag{5.19}$$

的最优 $\boldsymbol{G}_i$ 为对每个 $\boldsymbol{D}_i$ 应用低秩投影：

$$\boldsymbol{G}_i=\boldsymbol{T}_i\bar{\boldsymbol{\Lambda}}_i\boldsymbol{S}_i^{\mathrm{T}} \tag{5.20}$$

式中，$\boldsymbol{D}_i=\boldsymbol{T}_i\boldsymbol{\Delta}_i\boldsymbol{S}_i^{\mathrm{T}}$ 为 $\boldsymbol{D}_i$ 的奇异值分解；$\overline{\boldsymbol{\Delta}}_i$ 为截断的奇异值矩阵，只有最重要的 c_i 个奇异值被保留，所有其他奇异值被赋值为 0。

式(5.18) 可以被重写为

$$\boldsymbol{D}\boldsymbol{A}\boldsymbol{A}_i^{\mathrm{T}}+\gamma\boldsymbol{D}_i=\boldsymbol{Y}\boldsymbol{A}_i^{\mathrm{T}}+\gamma\boldsymbol{G}_i,\ \forall i \tag{5.21}$$

组合式(5.21) 所有的块，有

$$\boldsymbol{D}=(\boldsymbol{Y}\boldsymbol{A}^{\mathrm{T}}+\gamma\boldsymbol{G})(\boldsymbol{A}\boldsymbol{A}^{\mathrm{T}}+\gamma\boldsymbol{I})^{-1} \tag{5.22}$$

结合式(5.20) 和式(5.22)，求解式(5.17) 的迭代步骤为

$$\left.\begin{array}{l}\boldsymbol{G}_i^{(k)}=\boldsymbol{T}_i^{(k)}\overline{\boldsymbol{\Delta}_i^{(k)}}(\boldsymbol{S}_i^{(k)})^{\mathrm{T}},\ \forall i\\ \boldsymbol{D}^{(k+1)}=(\boldsymbol{Y}\boldsymbol{A}^{\mathrm{T}}+\gamma\boldsymbol{G}^{(k)})(\boldsymbol{A}\boldsymbol{A}^{\mathrm{T}}+\gamma\boldsymbol{I})^{-1}\end{array}\right\} \tag{5.23}$$

式中

$$\left.\begin{array}{l}\boldsymbol{G}^{(k)}=[\boldsymbol{G}_1^{(k)},\boldsymbol{G}_2^{(k)},\cdots,\boldsymbol{G}_p^{(k)}]\\ \boldsymbol{D}^{(k)}=[\boldsymbol{D}_1^{(k)},\boldsymbol{D}_2^{(k)},\cdots,\boldsymbol{D}_p^{(k)}]\end{array}\right\} \tag{5.24}$$

迭代的初始点可以简单设置为 $\boldsymbol{D}^{(0)}=\boldsymbol{W}$。如果 $\mathrm{MSE}^{(k)}-\mathrm{MSE}^{(k+1)}<\varepsilon$，则算法终止，其中，$\mathrm{MSE}^{(k)}$ 为估计器在 k 次迭代时实现的 MSE，ε 为预设的阈值。通过选择 ε 可以在运行时间和性能之间获得一个折衷。

上述迭代优化总是收敛的，因为代价函数在迭代时总是非增的，并且下限为 LMMSE。需要注意的是，收敛解只是一个稳定点，它可能不是全局最优的。

5.3.2　附加条件下的性能分析

设 $\boldsymbol{G}^*$ 是在整个低秩空间 $\{\boldsymbol{G}\,|\,\mathrm{rank}(\boldsymbol{G}_i)\leqslant c_i\}$ 上最小化 $\|\boldsymbol{Y}-\boldsymbol{G}\boldsymbol{A}\|_{\mathrm{F}}^2$ 的估计器。本小节将展示：在一些附加条件下，局部最优 $\widetilde{\boldsymbol{G}}$ 的 MSE 小于等于由满足式(5.9) 约束的最优低秩估计器 $\boldsymbol{G}^*$ 的 MSE 的 C 倍；并且揭示 C 与矩阵 $\boldsymbol{A}$ 的限制等距常数有关。

定义 5.1(限制等距常数)　$\boldsymbol{A}$ 的 d 限制等距常数定义为 δ_d，使得对任意满足 $\mathrm{rank}(\boldsymbol{X})\leqslant d$ 的 $n\times m$ 矩阵 $\boldsymbol{X}$，下式恒成立：

$$(1-\delta_d)\|\boldsymbol{X}\|_{\mathrm{F}}^2\leqslant\|\boldsymbol{X}\boldsymbol{A}\|_{\mathrm{F}}^2\leqslant(1+\delta_d)\|\boldsymbol{X}\|_{\mathrm{F}}^2 \tag{5.25}$$

由定义 5.1 可得有助迭代算法性能分析的如下引理。

引理 5.1　如果对于任意满足 $\mathrm{rank}(\boldsymbol{X})\leqslant d$ 的 $n\times m$ 矩阵 $\boldsymbol{X}$，$\boldsymbol{A}$ 有 d 限制等距常数 δ_d，其中 $d\leqslant n$，则有

$$(1-\delta_d+\gamma)\|\boldsymbol{X}\|_{\mathrm{F}}^2\leqslant\|\boldsymbol{X}(\boldsymbol{A}\boldsymbol{A}^{\mathrm{T}}+\gamma\boldsymbol{I})^{1/2}\|_{\mathrm{F}}^2\leqslant(1+\delta_d+\gamma)\|\boldsymbol{X}\|_{\mathrm{F}}^2 \tag{5.26}$$

证明：对于任意满足定义 5.1 中条件的 $\boldsymbol{X}$，有

$$\begin{aligned}\|\boldsymbol{X}(\boldsymbol{A}\boldsymbol{A}^{\mathrm{T}}+\gamma\boldsymbol{I})^{1/2}\|_{\mathrm{F}}^2&=\mathrm{Tr}[\boldsymbol{X}(\boldsymbol{A}\boldsymbol{A}^{\mathrm{T}}+\gamma\boldsymbol{I})\boldsymbol{X}^{\mathrm{T}}]\\&=\mathrm{Tr}(\boldsymbol{X}\boldsymbol{A}\boldsymbol{A}^{\mathrm{T}}\boldsymbol{X}^{\mathrm{T}})+\gamma\,\mathrm{Tr}(\boldsymbol{X}\boldsymbol{X}^{\mathrm{T}})\\&=\|\boldsymbol{X}\boldsymbol{A}\|_{\mathrm{F}}^2+\gamma\|\boldsymbol{X}\|_{\mathrm{F}}^2\end{aligned}$$

利用限制等距特征式(5.25)，进一步有

$$(1-\delta_d+\gamma)\|\boldsymbol{X}\|_{\mathrm{F}}^2\leqslant\|\boldsymbol{X}\boldsymbol{A}\|_{\mathrm{F}}^2+\gamma\|\boldsymbol{X}\|_{\mathrm{F}}^2\leqslant(1+\delta_d+\gamma)\|\boldsymbol{X}\|_{\mathrm{F}}^2 \tag{5.27}$$

证明完毕。

为了评估估计器，首先定义函数

$$\varphi(\boldsymbol{X})=\frac{1}{2}\|\boldsymbol{Y}-\boldsymbol{X}\boldsymbol{A}\|_{\mathrm{F}}^{2} \tag{5.28}$$

和

$$\Psi(\boldsymbol{X})=\|\boldsymbol{Y}-\boldsymbol{X}\boldsymbol{A}\|_{\mathrm{F}}^{2}+\mu \tag{5.29}$$

式中，$\boldsymbol{X}$ 为 $n\times m$ 矩阵；$\mu=\mathrm{E}[(\hat{\boldsymbol{x}}_{\mathrm{LMMSE}}-\boldsymbol{x})^{2}]$。根据式(5.4)，$\Psi(\boldsymbol{G})$ 是由估计器 $\boldsymbol{G}$ 实现的MSE。定义 $\boldsymbol{G}^{*}$ 为

$$\begin{gathered}\boldsymbol{G}^{*}=\underset{\boldsymbol{G}}{\operatorname{argmin}}\,\varphi(\boldsymbol{G})\\ \text{s.t. } \operatorname{rank}(\boldsymbol{G}_{i})\leqslant c_{i}\end{gathered} \tag{5.30}$$

换言之，$\boldsymbol{G}^{*}$ 是式(5.14)极小化问题的最优解。

定理5.2 如果 $\boldsymbol{A}$ 有满足 $\delta_{n}<\sqrt{5}-2$ 的 n 限制等距常数 δ_{n}，则由式(5.23)的迭代步骤，有

$$\lim_{k\to\infty}\frac{\Psi(\boldsymbol{G}^{(k)})}{\Psi(\boldsymbol{G}^{*})}<C=\frac{1+l+\dfrac{2\delta_{n}(1+\delta_{n})}{(1-\delta_{n}+\gamma)^{2}}}{1-l} \tag{5.31}$$

式中

$$l=\frac{4}{1-\delta_{n}}\left[\frac{2\delta_{n}\gamma^{2}}{(1-\delta_{n}+\gamma)^{2}}+\frac{1}{2}\gamma\right]+\frac{2\delta_{n}(1+\delta_{n})}{(1-\delta_{n}+\gamma)^{2}} \tag{5.32}$$

证明：对于任意满足式(5.14)约束的 $\boldsymbol{G}$，有 $\operatorname{rank}(\boldsymbol{G})\leqslant n$。

根据引理5.1，对于任意满足式(5.14)约束的 $\boldsymbol{G}$，下式成立：

$$(1-\delta_{n}+\gamma)\|\boldsymbol{G}\|_{\mathrm{F}}^{2}\leqslant\|\boldsymbol{G}(\boldsymbol{A}\boldsymbol{A}^{\mathrm{T}}+\gamma\boldsymbol{I})^{1/2}\|_{\mathrm{F}}^{2}\leqslant(1+\delta_{n}+\gamma)\|\boldsymbol{G}\|_{\mathrm{F}}^{2} \tag{5.33}$$

由于 $\varphi(\boldsymbol{G})$ 是 $\boldsymbol{G}$ 的二次函数，下式左侧可以用二阶泰勒级数表示为

$$\varphi(\boldsymbol{G}^{(k+1)})-\varphi(\boldsymbol{G}^{(k)})=\langle(\boldsymbol{G}^{(k)}\boldsymbol{A}-\boldsymbol{Y})\boldsymbol{A}^{\mathrm{T}},\boldsymbol{G}^{(k+1)}-\boldsymbol{G}^{(k)}\rangle+\frac{1}{2}\|(\boldsymbol{G}^{(k+1)}-\boldsymbol{G}^{(k)})\boldsymbol{A}\|_{\mathrm{F}}^{2} \tag{5.34}$$

式中，$\langle\boldsymbol{M},\boldsymbol{N}\rangle=\operatorname{Tr}(\boldsymbol{M}\boldsymbol{N}^{\mathrm{T}})$。根据式(5.23)，有

$$\boldsymbol{D}^{(k+1)}(\boldsymbol{A}\boldsymbol{A}^{\mathrm{T}}+\gamma\boldsymbol{I})=\boldsymbol{Y}\boldsymbol{A}^{\mathrm{T}}+\gamma\boldsymbol{G}^{(k)} \tag{5.35}$$

将式(5.35)的 $\boldsymbol{Y}\boldsymbol{A}^{\mathrm{T}}$ 代入式(5.34)，得

$$\begin{aligned}&\varphi(\boldsymbol{G}^{(k+1)})-\varphi(\boldsymbol{G}^{(k)})\\ &=\frac{1}{2}\|(\boldsymbol{G}^{(k+1)}-\boldsymbol{D}^{(k+1)})(\boldsymbol{A}\boldsymbol{A}^{\mathrm{T}}+\gamma\boldsymbol{I})^{1/2}\|_{\mathrm{F}}^{2}-\frac{1}{2}\|(\boldsymbol{G}^{(k)}-\boldsymbol{D}^{(k+1)})(\boldsymbol{A}\boldsymbol{A}^{\mathrm{T}}+\gamma\boldsymbol{I})^{1/2}\|_{\mathrm{F}}^{2}\\ &\quad-\frac{1}{2}\gamma\|\boldsymbol{G}^{(k+1)}-\boldsymbol{G}^{(k)}\|_{\mathrm{F}}^{2}\\ &\leqslant\frac{1}{2}(1+\delta_{n}+\gamma)\|\boldsymbol{G}^{(k+1)}-\boldsymbol{D}^{(k+1)}\|_{\mathrm{F}}^{2}-\frac{1}{2}(1-\delta_{n}+\gamma)\|\boldsymbol{G}^{(k)}-\boldsymbol{D}^{(k+1)}\|_{\mathrm{F}}^{2}\\ &\leqslant\frac{1}{2}(1+\delta_{n}+\gamma)\|\boldsymbol{G}^{*}-\boldsymbol{D}^{(k+1)}\|_{\mathrm{F}}^{2}-\frac{1}{2}(1-\delta_{n}+\gamma)\|\boldsymbol{G}^{(k)}-\boldsymbol{D}^{(k+1)}\|_{\mathrm{F}}^{2}\end{aligned} \tag{5.36}$$

式中，因为 $\operatorname{rank}(\boldsymbol{G}^{(k+1)}-\boldsymbol{D}^{(k+1)})\leqslant n$ 和 $\operatorname{rank}(\boldsymbol{G}^{(k)}-\boldsymbol{D}^{(k+1)})\leqslant n$，所以在第一个不等式中应用了引理5.1。最后一个不等式是因为 $\boldsymbol{G}^{(k+1)}$ 是分块低秩子空间中 $\|\boldsymbol{G}-\boldsymbol{D}^{(k+1)}\|_{\mathrm{F}}$ 的全局极小值，因此用 $\boldsymbol{G}^{*}$ 代替 $\boldsymbol{G}^{(k+1)}$ 会增加 $\|\boldsymbol{G}-\boldsymbol{D}^{(k+1)}\|_{\mathrm{F}}$。另一方面：

$\varphi(\boldsymbol{G}^{*})-\varphi(\boldsymbol{G}^{(k)})=$

$$\frac{1}{2}\|(\boldsymbol{G}^{*}-\boldsymbol{D}^{(k+1)})(\boldsymbol{A}\boldsymbol{A}^{\mathrm{T}}+\gamma\boldsymbol{I})^{1/2}\|_{\mathrm{F}}^{2}-\frac{1}{2}\|(\boldsymbol{G}^{(k)}-\boldsymbol{D}^{(k+1)})(\boldsymbol{A}\boldsymbol{A}^{\mathrm{T}}+\gamma\boldsymbol{I})^{1/2}\|_{\mathrm{F}}^{2}$$

$$-\frac{1}{2}\gamma\|\boldsymbol{G}^{*}-\boldsymbol{G}^{(k)}\|_{\mathrm{F}}^{2}\geqslant$$

$$\frac{1}{2}(1-\delta_n+\gamma)\|\boldsymbol{G}^{*}-\boldsymbol{D}^{(k+1)}\|_{\mathrm{F}}^{2}-\frac{1}{2}(1+\delta_n+\gamma)\|\boldsymbol{G}^{(k)}-\boldsymbol{D}^{(k+1)}\|_{\mathrm{F}}^{2}-\frac{1}{2}\gamma\|\boldsymbol{G}^{*}-\boldsymbol{G}^{(k)}\|_{\mathrm{F}}^{2} \tag{5.37}$$

其中不等式推导使用了引理 5.1。

由式(5.36) 和式(5.37)，得

$$\begin{aligned}
\varphi(\boldsymbol{G}^{(k+1)})-\varphi(\boldsymbol{G}^{*}) &\leqslant \delta_n\|\boldsymbol{G}^{*}-\boldsymbol{D}^{(k+1)}\|_{\mathrm{F}}^{2}+\delta_n\|\boldsymbol{G}^{(k)}-\boldsymbol{D}^{(k+1)}\|_{\mathrm{F}}^{2}+\frac{1}{2}\gamma\|\boldsymbol{G}^{*}-\boldsymbol{G}^{(k)}\|_{\mathrm{F}}^{2}\\
&=\delta_n\|[(\boldsymbol{G}^{*}\boldsymbol{A}-\boldsymbol{Y})\boldsymbol{A}^{\mathrm{T}}+\gamma(\boldsymbol{G}^{*}-\boldsymbol{G}^{(k)})](\boldsymbol{A}\boldsymbol{A}^{\mathrm{T}}+\gamma\boldsymbol{I})^{-1}\|_{\mathrm{F}}^{2}\\
&\quad+\delta_n\|(\boldsymbol{G}^{(k)}\boldsymbol{A}\boldsymbol{A}^{\mathrm{T}}-\boldsymbol{Y}\boldsymbol{A}^{\mathrm{T}})(\boldsymbol{A}\boldsymbol{A}^{\mathrm{T}}+\gamma\boldsymbol{I})^{-1}\|_{\mathrm{F}}^{2}+\frac{1}{2}\gamma\|\boldsymbol{G}^{*}-\boldsymbol{G}^{(k)}\|_{\mathrm{F}}^{2}\\
&\leqslant\frac{2\delta_n}{(1-\delta_n+\gamma)^2}(\|(\boldsymbol{G}^{*}\boldsymbol{A}-\boldsymbol{Y})\boldsymbol{A}^{\mathrm{T}}\|_{\mathrm{F}}^{2}+\gamma^2\|\boldsymbol{G}^{*}-\boldsymbol{G}^{(k)}\|_{\mathrm{F}}^{2})\\
&\quad+\frac{\delta_n}{(1-\delta_n+\gamma)^2}\|(\boldsymbol{G}^{(k)}\boldsymbol{A}-\boldsymbol{Y})\boldsymbol{A}^{\mathrm{T}}\|_{\mathrm{F}}^{2}+\frac{1}{2}\gamma\|\boldsymbol{G}^{*}-\boldsymbol{G}^{(k)}\|_{\mathrm{F}}^{2}\\
&\leqslant\frac{4\delta_n(1+\delta_n)}{(1-\delta_n+\gamma)^2}\varphi(\boldsymbol{G}^{*})+\frac{2\delta_n(1+\delta_n)}{(1-\delta_n+\gamma)^2}\varphi(\boldsymbol{G}^{(k)})\\
&\quad+\left(\frac{2\delta_n\gamma^2}{(1-\delta_n+\gamma)^2}+\frac{1}{2}\gamma\right)\|\boldsymbol{G}^{*}-\boldsymbol{G}^{(k)}\|_{\mathrm{F}}^{2}
\end{aligned} \tag{5.38}$$

其中，第一个不等式使用了引理 5.1 和柯西许瓦兹不等式

$$\|(\boldsymbol{G}^{*}\boldsymbol{A}-\boldsymbol{Y})\boldsymbol{A}^{\mathrm{T}}+\gamma(\boldsymbol{G}^{*}-\boldsymbol{G}^{(k)})\|_{\mathrm{F}}^{2}\leqslant 2(\|(\boldsymbol{G}^{*}\boldsymbol{A}-\boldsymbol{Y})\boldsymbol{A}^{\mathrm{T}}\|_{\mathrm{F}}^{2}+\gamma^2\|\boldsymbol{G}^{*}-\boldsymbol{G}^{(k)}\|_{\mathrm{F}}^{2})$$

第二个不等式依据式(5.25)。同样地，最后一项由下式界定：

$$\begin{aligned}
\|\boldsymbol{G}^{*}-\boldsymbol{G}^{(k)}\|_{\mathrm{F}}^{2}&\leqslant\frac{1}{1-\delta_n}\|\boldsymbol{G}^{*}\boldsymbol{A}-\boldsymbol{G}^{(k)}\boldsymbol{A}\|_{\mathrm{F}}^{2}\leqslant\\
&\frac{2}{1-\delta_n}[\|\boldsymbol{G}^{*}\boldsymbol{A}-\boldsymbol{Y}\|_{\mathrm{F}}^{2}+\|\boldsymbol{G}^{(k)}\boldsymbol{A}-\boldsymbol{Y}\|_{\mathrm{F}}^{2}]=\\
&\frac{4}{1-\delta_n}(\varphi(\boldsymbol{G}^{*})+\varphi(\boldsymbol{G}^{(k)}))
\end{aligned} \tag{5.39}$$

将式(5.39) 代入式(5.38)，得

$$\begin{aligned}
\varphi(\boldsymbol{G}^{(k+1)})-\varphi(\boldsymbol{G}^{*})\leqslant&\frac{4\delta_n(1+\delta_n)}{(1-\delta_n+\gamma)^2}\varphi(\boldsymbol{G}^{*})+\frac{2\delta_n(1+\delta_n)}{(1-\delta_n+\gamma)^2}\varphi(\boldsymbol{G}^{(k)})+\\
&\left(\frac{2\delta_n\gamma^2}{(1-\delta_n+\gamma)^2}+\frac{1}{2}\gamma\right)\frac{4}{1-\delta_n}(\varphi(\boldsymbol{G}^{*})+\varphi(\boldsymbol{G}^{(k)}))
\end{aligned} \tag{5.40}$$

进一步化简式(5.40)，得

$$\varphi(\boldsymbol{G}^{(k+1)})-C\varphi(\boldsymbol{G}^{*})\leqslant l(\varphi(\boldsymbol{G}^{(k)})-C\varphi(\boldsymbol{G}^{*})) \tag{5.41}$$

如果 $\delta_n<\sqrt{5}-2$，$\lim\limits_{\gamma\to 0}l=\dfrac{2\delta_n(1+\delta_n)}{(1-\delta_n)^2}<1$，所以有可能找到足够小的 γ，使得 $0<l<1$，因此迭代收敛，并且 $\lim\limits_{k\to\infty}\varphi(\boldsymbol{G}^{(k)})=C\varphi(\boldsymbol{G}^{*})$。

根据式(5.28)和式(5.29)，$\boldsymbol{G}^{(k)}$ 的 MSE 是

$$\Psi(\boldsymbol{G}^{(k)})=2\varphi(\boldsymbol{G}^{(k)})+\mu \tag{5.42}$$

将它与 $\Psi(\boldsymbol{G}^{*})$ 进行比较，得

$$\lim_{k\to\infty}\frac{\Psi(\boldsymbol{G}^{(k)})}{\Psi(\boldsymbol{G}^{*})}=\frac{2\varphi(\boldsymbol{G}^{(k)})+\mu}{2\varphi(\boldsymbol{G}^{*})+\mu}<\frac{2\varphi(\boldsymbol{G}^{(k)})}{2\varphi(\boldsymbol{G}^{*})}=C \tag{5.43}$$

式中，不等式成立的原因是 $\varphi(\boldsymbol{G}^{(k)})$ 总是大于 $\varphi(\boldsymbol{G}^{*})$，且 $\mu>0$。

证明完毕。

上述讨论表明除了估计器设计之外，所提算法还提供了基于系统参数 δ_n 的某种度量来评估所设计的估计器的性能。注意条件 $\delta_n<\sqrt{5}-2$ 只是性能分析的一个充分条件，它不应限制所提算法的适用性。算法的收敛始终能够被保证独立于此条件。此外，即使 $\delta_n\geqslant\sqrt{5}-2$，有时也有可能找到一些 γ 使 $l<1$。

由式(5.32)可知，由于 $l>0$，C 总是大于1。这意味着估计器 $\boldsymbol{G}$ 的 MSE 总是大于最优的低秩估计器的 MSE，且 C 能够提供它们之差的界。这个界与 γ 和 n 限制等距常数 δ_n 有关。当 $\delta_n<\sqrt{5}-2$ 时，表 5.1 给出了 C 的最小可行值。如果 δ_n 很小，可以选择适当的 γ 保证 l 和 $\frac{2\delta_n(1+\delta_n)}{(1-\delta_n+\gamma)^2}$ 都接近于0，使得 C 接近1。不过，如果 δ_n 比较大，需要选择足够小的 γ 来保证 $l<1$。此时，$\frac{2\delta_n(1+\delta_n)}{(1-\delta_n+\gamma)^2}$ 相对较大，C 远大于1。不过，如下一节数值示例所示，它并不一定表明所设计的估计器性能很差。

表 5.1　对于某些 $\boldsymbol{\delta}_n$ 最小可达的 $\boldsymbol{C}$ 值

δ_n	C
0.02	1.133 1
0.04	1.297 7
0.06	1.504 5
0.08	1.769 6
0.10	2.118 6
0.12	2.594 9
0.14	3.277 8
0.16	4.330 1
0.18	6.147 0
0.20	10.000 0

5.3.3　验证举例

1. MIMO 信道估计

为了充分实现 MIMO 系统可以提供的空间和时间多样性，发射机和/或接收机需要准确的信道状态信息(CSI)。例如，波束成形需要发射机处的 CSI，而时空编码需要发射机和接收

机处的 CSI。对于具有 t 个发射天线和 r 个接收天线的 MIMO 系统，采用训练序列估计接收机处的 CSI。这个估计问题可以用式(5.1) 建模，其中 $\boldsymbol{x}$ 是从 t 个发射天线到特定接收天线的信道的 $t\times 1$ 状态向量，$\boldsymbol{z}$ 由接收天线从时间 1 到 N 的接收信号组成，$\boldsymbol{H}$ 是从时间 1 到 N 的 t 个发射天线的训练序列组成的矩阵，$\boldsymbol{v}$ 是噪声向量。

训练序列的长度 N 必须大于 t，以确保系统能观。一般情况下，N 会比 t 大得多，从而保证估计不易受到异常噪声和 / 或来自其他设备干扰的影响。虽然随着训练序列长度的增加，估计越来越准确，但需要处理的量测相应增加。传统上，接收机会存储所有的量测供估计器使用。不过，接收机价格便宜且体积很小，因此不一定有足够的存储空间。使用分块预处理来解决这个问题。接收机周期性地用矩阵 $\boldsymbol{L}_i$ 对最新的量测块进行预处理，将其存储为更短向量 $\boldsymbol{y}_i$，其中 i 是块的标号。在 p 个块被接收和预处理后完成估计。

仿真中考虑 MIMO 系统配备有 10 个发射天线，因此状态的维数为 10。为了保证性能，采用长度 $N=40$ 的训练序列，即总量测数为 40。量测被均等地划分成两个长度为 20 的块，相应的量测矩阵为 $\boldsymbol{H}_1$ 和 $\boldsymbol{H}_2$，其中 $\mathrm{rank}(\boldsymbol{H}_1)=\mathrm{rank}(\boldsymbol{H}_2)=10$。本例工作在高量测噪声环境，因而有 $\boldsymbol{\Sigma}_x$ 比 $\boldsymbol{\Sigma}_v$ 小。假设量测噪声独立同分布，不失一般性，假设 $\boldsymbol{\Sigma}_v=\boldsymbol{I}$。由 $\delta_n\leqslant\lambda_{(1)}(\boldsymbol{\Sigma}_z-\boldsymbol{I})=\lambda_{(1)}(\boldsymbol{H}\boldsymbol{\Sigma}_x\boldsymbol{H}^{\mathrm{T}})=0.2$ 可知，定理 5.2 的充分条件满足。

定义所设计的估计器相对无损最优估计的精度损失为

$$\mathrm{GAP}=\mathrm{E}[(\hat{\boldsymbol{x}}-\hat{\boldsymbol{x}}_{\mathrm{LMMSE}})^2] \tag{5.44}$$

式中，$\hat{\boldsymbol{x}}$ 为由设计的估计器获得的状态估计。由式(5.4) 可知，所设计的估计器的 MSE 等于 GAP 加上一个与估计器设计无关的常量。

图 5.2 和图 5.3 表明：对于 $c_1\leqslant 10$，$c_2\leqslant 10$，$c_1c_2\neq 0$ 的情况，GAP 小于 5×10^{-3}，这与值为 0.041 7 的 LMMSE 相比较小。也就是说，算法性能非常好，能够将原始量测压缩成相当小的维数，而估计精度损失很小。另外，图 5.3 表明：理论结果与蒙特卡罗仿真结果是一致的。

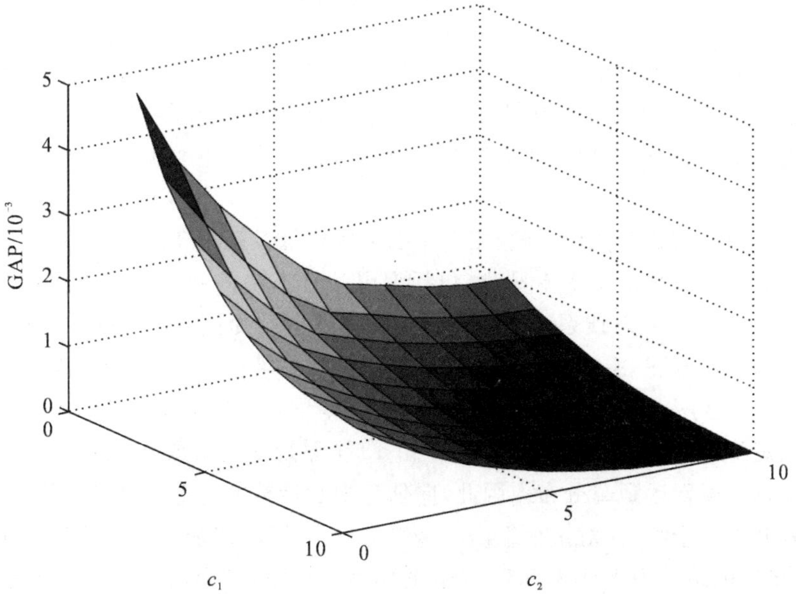

图 5.2　c_1，c_2 组合情况下估计精度损失

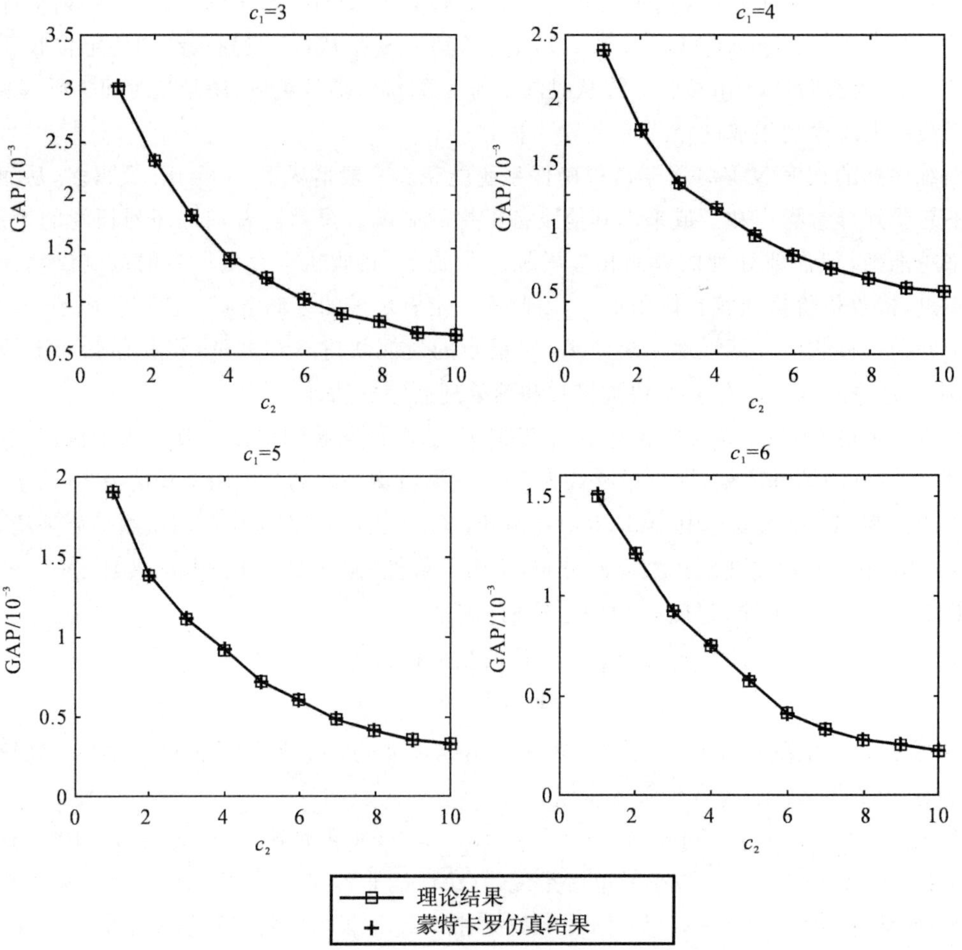

图 5.3　固定 c_1 时有损预处理和估计的性能

2. 电网传输层的状态估计

在电网中,从发电厂到家庭的电力通常有两个等级:传输层和分配层。前者将发电厂的电力输送到各变电站;后者在本地将变电站的电力输送到家庭。它们具有完全不同的结构和物理性质。

本例考虑传输层的状态估计问题:变电站的电压相位差是重要的调控参数,但直接测量代价昂贵。间接测量方法是由功率流量测(包括变电站功率注入和各传输线路功率流)估计电压相位差。选用 IEEE 14 总线系统模型。考虑每个变电站提供一个功率注入量测,而每条传输线提供两个功率流量测,所有这些量测都被随机噪声污染。对于 14 个互连子站,有 14 个功率注入量测和40个功率流量测,需要估计13个相位差。采用模型式(5.1),其中$\boldsymbol{H}$是与电网拓扑相关的量测矩阵,$\boldsymbol{z}$ 由 54 个量测值组成,$\boldsymbol{x}$ 由 13 个系统状态组成,$\boldsymbol{v}$ 是噪声向量。

实际中变电站通常远距离分布。因此,向估计中心传输大量量测是昂贵的,甚至是不可能的。将系统划分为几个组,并对每个组内的量测进行预处理,以便与系统的传输能力兼容。在这个例子中,将变电站号为 1,2,3,5,7,9,10 的作为一个组,其余的作为另一个组。功率注入量测与相应的变电站有关,而功率流量测与原始变电站有关。根据定理 5.1,获得 LMMSE 估

计的充要条件是 $c_1 \geqslant \text{rank}(\boldsymbol{H}_1) = 11$，$c_2 \geqslant \text{rank}(\boldsymbol{H}_2) = 12$，其中 c_1 和 c_2 表示从每个组的预处理器到估计中心的通信能力。如果不能满足这些条件，则使用所提算法来设计低秩估计器。

使用 Matpower 进行仿真，表 5.2 表明：随着 c_1 和 c_2 增加，GAP 逐渐降至 0。当且仅当 $c_1 \geqslant 11$，$c_2 \geqslant 12$ 时，GAP 为 0。

如表 5.2 和图 5.4 所示，对于 c_1 和 c_2 略低于 $\text{rank}(\boldsymbol{H}_1)$ 和 $\text{rank}(\boldsymbol{H}_2)$ 的情况，GAP 仍然接近于 0，即由低秩估计器得到的估计与 LMMSE 估计精度非常接近。

表 5.2　$c_1 \leqslant \text{rank}(\boldsymbol{H}_1) = 11$，$c_2 \leqslant \text{rank}(\boldsymbol{H}_2)$ 情况下的 GAP

c_1	c_2	GAP
8	10	4.97×10^{-4}
8	11	5.20×10^{-4}
8	12	5.05×10^{-4}
9	10	8.29×10^{-5}
9	11	7.30×10^{-5}
9	12	7.23×10^{-5}
10	10	2.48×10^{-5}
10	11	1.48×10^{-5}
10	12	1.42×10^{-5}
11	10	6.57×10^{-6}
11	11	6.40×10^{-7}
11	12	0

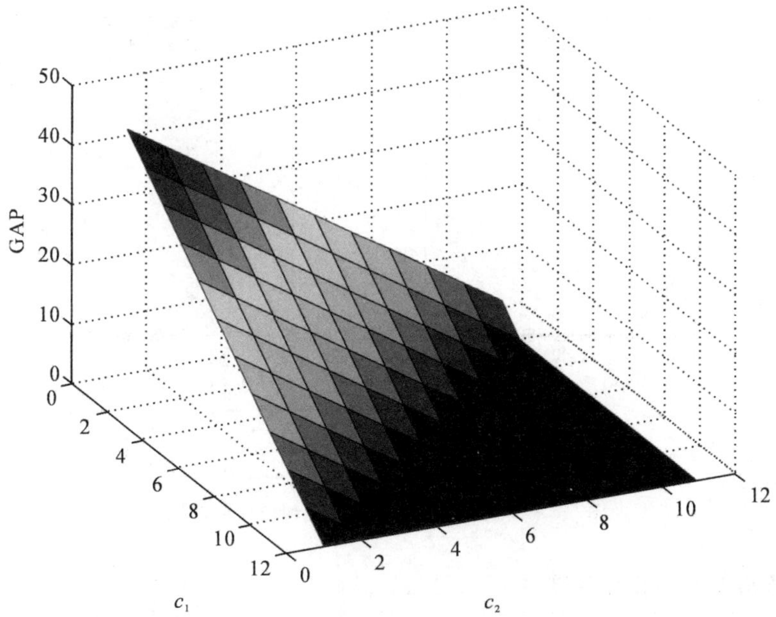

图 5.4　c_1 和 c_2 组合进行有损预处理和估计的性能

如图 5.4 所示，随着 c_1+c_2 的变化，似乎存在一条边界线，边界线前后的 GAP 存在突变，突变前 GAP=0，突变后 GAP 随着 c_1+c_2 线性增加。取一个剖面可得图 5.5：如果 $c_1=5$，突然变化出现在 $c_2=8$；如果 $c_1=6$，突然变化出现在 $c_2=7$。该边界线是 $c_1+c_2=13$。换句话说，估计器使用 c_1+c_2 个预处理数据估计 c_1+c_2 个系统状态，恰好属于无损估计的边界。如果 $c_1+c_2<13$，根据式(5.3)，矩阵 L 行数多于列数，即数据的维数小于系统状态的维数。在这种情况下，任何线性预处理都无法保持系统状态向量中所有元素的线性独立性，即保留所有系统状态的足够信息。另一方面，如果 $c_1+c_2\geqslant 13$，即可以线性地组合量测以保存所有系统状态的信息，则该算法总是能够设计估计精度等于 LMMSE 估计的低秩估计器。图 5.5 也表明：理论结果与 5 000 次蒙特卡罗仿真结果是一致的。本例的 $\delta_n>10^4$ 不满足定理 5.2 的充分条件 $\delta_n<\sqrt{5}-2$，不过算法仍然收敛。

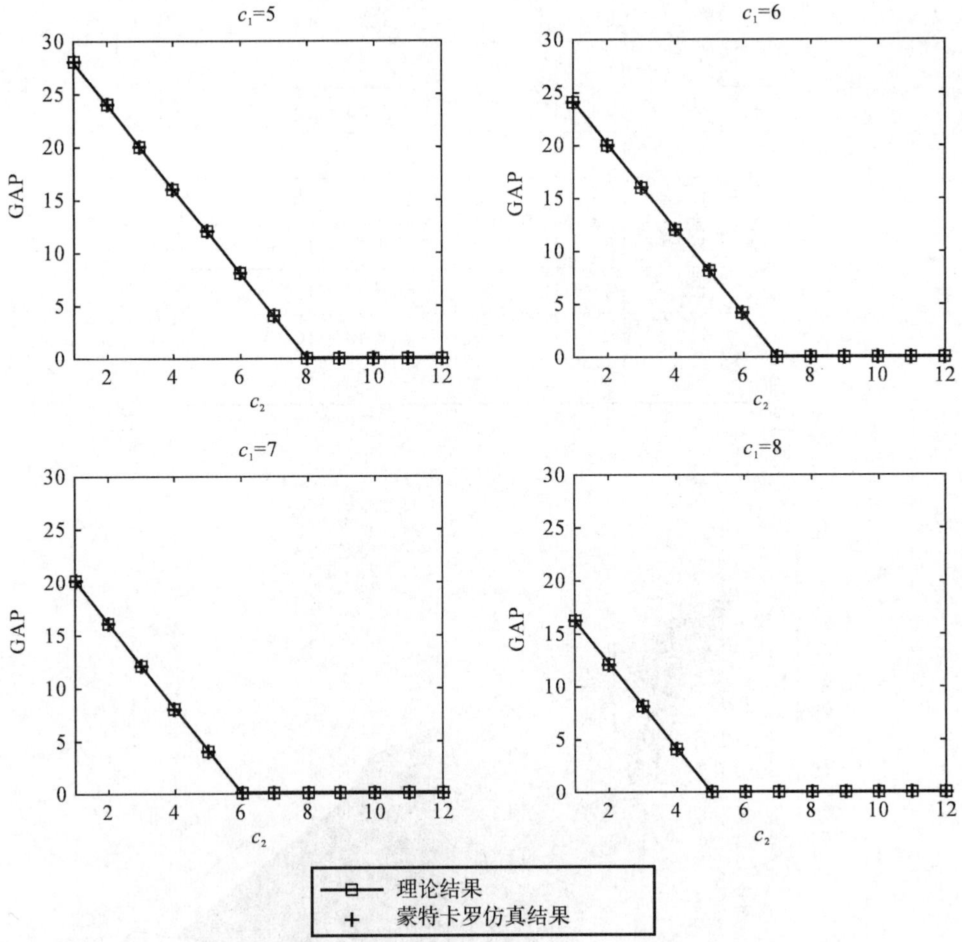

图 5.5　固定 c_1 时有损预处理和估计的性能

3. 无线传感器网络目标跟踪

考虑无线传感器网络目标跟踪：每个传感器都观察目标，并将量测报告给融合中心；融合组合多个传感器的量测实现目标位置估算。采用模型式(5.1)，其中 $\boldsymbol{x}$ 为目标空间位置状态，$\boldsymbol{H}$ 是由所有传感器的量测矩阵组成的量测矩阵，$\boldsymbol{z}$ 是所有传感器量测组成的向量，$\boldsymbol{v}$ 是噪声矢量。考虑传感器网络监测的特定区域内随机分布着2个目标的想定，则位置状态维数为6。传感器网络由 $p=30$ 个传感器组成。鉴于严格的功率和频谱限制下系统的通信能力有限，采用分块融合结构，即将传感器分成3个簇，每个簇包含10个传感器并配备一个子站；每个传感器首先将量测报告给簇内具有较高通信能力的本地子站；各子站使用本章方法压缩子站传感器报告的量测，供融合中心进一步加权融合。假设目标和噪声的分布均为零均值，方差分别为5和0.1。图5.6显示：对于任何固定的 c_1，当 c_2 和 c_3 略低于下界 $\text{rank}(\boldsymbol{H}_2)=6$ 和 $\text{rank}(\boldsymbol{H}_3)=6$ 时，GAP接近0。例如，对于 $c_1=2$，$c_2=3$，$c_3=4$，估计的GAP为0.000 4，而LMMSE为0.02，因而估计的MSE为0.020 4，与LMMSE相比，MSE仅略有增加。不过，只有9个预处理值，而不是30个原始量测，从子站发送到融合中心，这就节省了70%的通信负载。

通过观察图5.7，可以判定：GAP存在突变；如果 $c_1+c_2+c_3\geq 6$(6是该系统的维度)，则无损估计精度损失很小；如果 $c_1+c_2+c_3<6$，那么GAP将会急剧增加。图5.7还说明：理论结果与5 000次蒙特卡罗仿真结果一致。

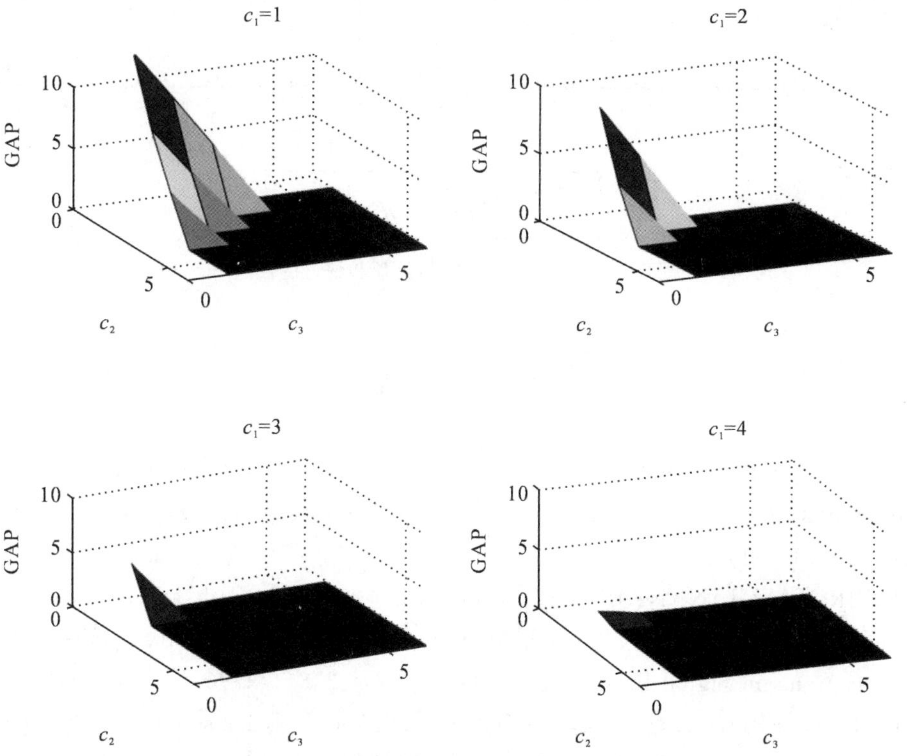

图5.6　c_1,c_2,c_3 组合时有损预处理和估计的性能

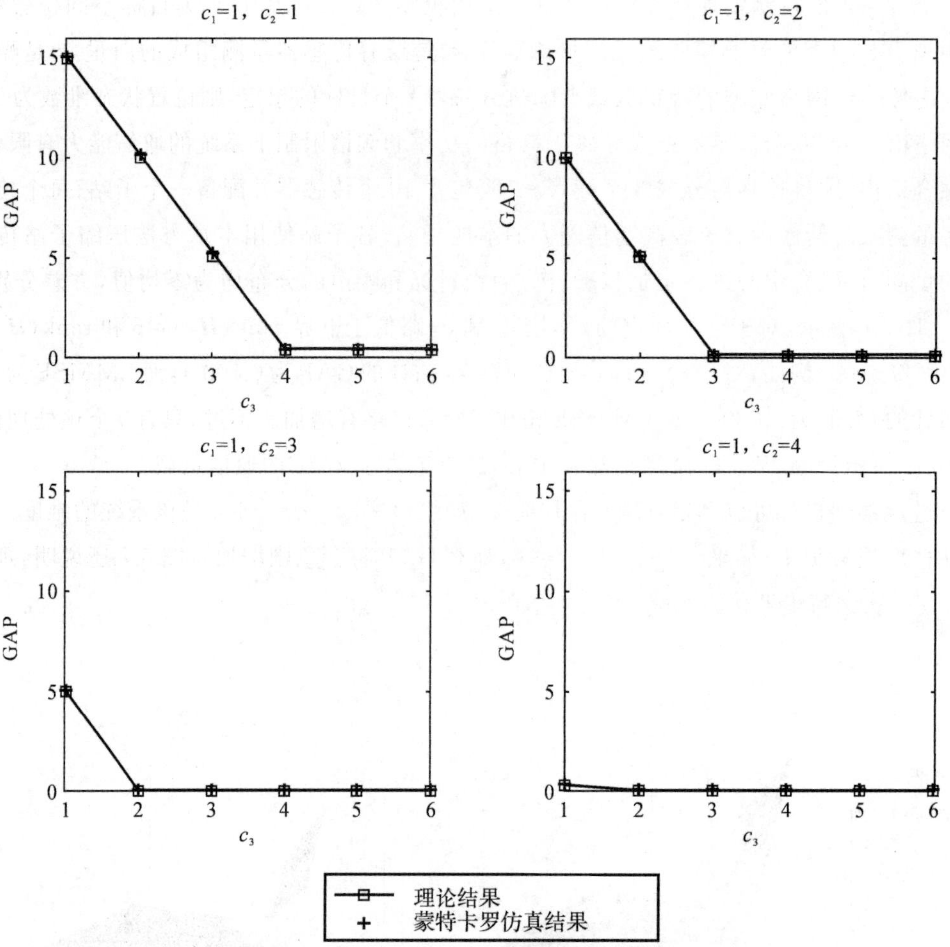

图 5.7　固定 c_1 和 c_2 时预处理和估计的性能

参 考 文 献

[1] RIBEIRO A, GIANNAKIS G B. Bandwidth - constrained distributed estimation for wireless sensor networks - part Ⅰ: Gaussian case[J]. IEEE transactions on Signal Processing, 2006, 54(3): 1131 - 1143.

[2] RIBEIRO A, GIANNAKIS G B. Bandwidth - constrained distributed estimation for wireless sensor networks - part Ⅱ: Unknown probability density function[J]. IEEE Transactions on Signal Processing, 2006, 54(7): 2784 - 2796.

[3] YICK J, MUKHERJEE B, GHOSAL D. Wireless sensor network survey[J]. Computer Networks, 2008, 52(12): 2292 - 2330.

[4] ZHU H, SCHIZAS I D, GIANNAKIS G B. Power - efficient dimensionality reduction for distributed channel - aware Kalman tracking using WSNs[J]. IEEE Transactions on Signal Processing, 2009, 57(8): 3193 - 3207.

[5] AIAZZI B, ALPARONE L, BARONTI S, et al. Lossy compression of multispectral remote - sensing images through multiresolution data fusion techniques[C]//International Symposium on Optical Science and Technology, 2003.

[6] MA H, YANG Y H, CHEN Y, et al. Distributed state estimation in smart grid with communication constraints[C]//Proceedings of The 2012 Asia Pacific Signal and Information Processing Association Annual Summit and Conference. IEEE, 2012: 1 - 4.

[7] MA H, YANG Y H, WANG Q, et al. Distributed state estimation with lossy measurement compression in smart grid[C]. 2013 IEEE Global Conference on Signal and Information Processing. IEEE, 2013: 519 - 522.

[8] HU J, XU J, XIE L. Cooperative search and exploration in robotic networks[J]. Unmanned Systems, 2013, 1(01): 121 - 142.

[9] OZDEMIR O, NIU R, VARSHNEY P K. Channel aware target localization with quantized data in wireless sensor networks [J]. IEEE Transactions on Signal Processing, 2009, 57(3): 1190 - 1202.

[10] AGRAWAL K, VEMPATY A, CHEN H, et al. Target localization in wireless sensor networks with quantized data in the presence of byzantine attacks[C]//2011 Conference Record of the Forty Fifth Asilomar Conference on Signals, Systems and Computers (ASILOMAR). IEEE, 2011: 1669 - 1673.

[11] LUO Z. A censoring and quantization scheme for energy - based target localization in wireless sensor networks [J]. Journal of Engineering and Technology, 2012, 2(2): 69.

[12] ZHOU Y, HUANG C, JIANG T, et al. Wireless sensor networks and the Internet of things: Optimal estimation with nonuniform quantization and bandwidth allocation [J]. IEEE Sensors Journal, 2013, 13(10): 3568 - 3574.

[13] LIU G, XU B, CHEN H. Robust distributed estimators for wireless sensor networks with one - bit quantized data[C]//International Conference on Wireless Algorithms, Systems, and Applications. Springer, Berlin, Heidelberg, 2012: 309 - 314.

[14] YOU K, XIE L. Kalman filtering with scheduled measurements[J]. IEEE Transactions on Signal Processing, 2013, 61(6): 1520 - 1530.

[15] MSECHU E J, GIANNAKIS G B. Sensor - centric data reduction for estimation with WSNs via censoring and quantization[J]. IEEE Transactions on Signal Processing, 2012, 60(1): 400 - 414.

[16] YOU K, XIE L, SONG S. Asymptotically optimal parameter estimation with scheduled measurements[J]. IEEE Transactions on Signal Processing, 2013, 61(14): 3521 - 3531.

[17] HAJEK B. An exploration of random processes for engineers[J]. Department of Electrical and Computer Engineering at the University of Illinois at Urbana - Champaign, Urbana, Illinois, 2009: 4091 - 4102.

[18] ECKART C, YOUNG G. The approximation of one matrix by another of lower rank [J].Psychometrika, 1936, 1(3): 211 - 218.

[19] JAIN P, MEKA R, DHILLON I S. Guaranteed rank minimization via singular value projection[C]//Advances in Neural Information Processing Systems. 2010: 937-945.

[20] RECHT B, FAZEL M, PARRILO P A. Guaranteed minimum-rank solutions of linear matrix equations via nuclear norm minimization[J]. SIAM Review, 2010, 52(3): 471-501.

[21] LIU K J R, SADEK A K, SU W, et al. Cooperative communications and networking [M]. Cambridge: Cambridge University Press, 2009.

[22] SADEK A K, SU W, LIU K J R. Transmit beamforming for space-frequency coded MIMO-OFDM systems with spatial correlation feedback[J]. IEEE Transactions on Communications, 2008, 56(10): 1647-1655.

[23] SU W, SAFAR Z, OLFAT M, et al. Obtaining full-diversity space-frequency codes from space-time codes via mapping[J]. IEEE Transactions on Signal Processing, 2003, 51(11): 2905-2916.

[24] ZIMMERMAN R D, MURILLO-SáNCHEZ C E, THOMAS R J. MATPOWER: Steady-state operations, planning, and analysis tools for power systems research and education[J]. IEEE Transactions on power systems, 2011, 26(1): 12-19.

[25] MA H, YANG Y H, CHEN Y, et al. Distributed state estimation with dimension reduction preprocessing[J]. IEEE Transactions on Signal Processing, 2014, 62(12): 3098-3110.

附　　录

附录 A　多项式回归拟合

在统计学里，用回归来描述一个变量 z 和一组变量 y_j 之间的关系：

$$z(i)=\sum_{j=1}^{n}a_j y_j(i)+w(i) \tag{A.1}$$

一般假定 $w(i)$ 的方差是未知的，需要与系数 a_j 同时进行估计。在上述讨论的情形中 $n=2$，$y_1(i)=1$，$y_2(i)=t$，$a_1=x_0$，$a_2=\dot{x}_0$，并假定 $w(i)$ 的方差是已知的。如果知道量测是从一个已知精度的传感器上获得的，那么方差已知的假设就是合理的，在实际工程中多数都属于这类问题。下面用一般多项式来对一组带有噪声的量测进行拟合。

假定一个目标位置的演化能在时间上用多项式建模，即

$$\xi(t)=\sum_{j=0}^{n}a_j\frac{t^j}{j!} \tag{A.2}$$

式中，待估计参数为多项式系数 a_j，$j=0,1,\cdots,n$，系数 a_j 是位置在基准时间 $t=0$ 处的 j 阶导数。下面将采用最小二乘技术来估计 n 阶多项式的拟合系数。

目标位置式(A.2)带有噪声的量测可以写为

$$z(i)=\boldsymbol{h}^{\mathrm{T}}(i)\boldsymbol{a}+w(i),\quad i=1,\cdots,k \tag{A.3}$$

式中

$$\boldsymbol{a}=[a_0\quad a_1\quad \cdots\quad a_n]^{\mathrm{T}} \tag{A.4}$$

为待估计的 $n+1$ 维参数向量，行向量

$$\boldsymbol{h}^{\mathrm{T}}(i)=\left[1\quad t_i\quad \cdots\quad \frac{t_i^n}{n!}\right] \tag{A.5}$$

假定量测噪声 $w(i)$ 为零均值白噪声序列，且方差为 σ^2，则扩维量测矩阵为

$$\boldsymbol{H}^k=\begin{bmatrix}\boldsymbol{h}^{\mathrm{T}}(1)\\ \vdots \\ \boldsymbol{h}^{\mathrm{T}}(k)\end{bmatrix} \tag{A.6}$$

由于

$$\boldsymbol{R}^k=\sigma^2\boldsymbol{I} \tag{A.7}$$

可以得到

$$(\boldsymbol{H}^k)^{\mathrm{T}}(\boldsymbol{R}^k)^{-1}\boldsymbol{H}^k=\sigma^{-2}(\boldsymbol{H}^k)^{\mathrm{T}}\boldsymbol{H}^k=\sigma^{-2}[\boldsymbol{h}(1)\quad\cdots\quad\boldsymbol{h}(k)]\begin{bmatrix}\boldsymbol{h}^{\mathrm{T}}(1)\\ \vdots\\ \boldsymbol{h}^{\mathrm{T}}(k)\end{bmatrix}=\sigma^{-2}\sum_{i=1}^{k}\boldsymbol{h}(i)\boldsymbol{h}^{\mathrm{T}}(i) \tag{A.8}$$

由式(A.8)可得参数向量 $\boldsymbol{a}$ 的估计

$$\hat{\boldsymbol{a}}(k)=\left\{\sum_{i=1}^{k}\boldsymbol{h}(i)\boldsymbol{h}^{\mathrm{T}}(i)\right\}^{-1}\sum_{i=1}^{k}\boldsymbol{h}(i)z(i) \tag{A.9}$$

和估计协方差矩阵

$$\boldsymbol{P}(k)=\sigma^2\left\{\sum_{i=1}^{k}\boldsymbol{h}(i)\boldsymbol{h}^{\mathrm{T}}(i)\right\}^{-1} \tag{A.10}$$

由于式(A.9)和式(A.10)中要进行求逆运算的项为$(n+1)\times(n+1)$矩阵(k 个矩阵的和),所以为了使得逆矩阵存在,必须有 $k\geqslant n+1$。也就是说,量测的数目至少要和待估计参数的数目一样多。

根据式(A.5),可以写出式(A.9)和式(A.10)中的第 i 个矩阵为

$$\boldsymbol{h}(i)\boldsymbol{h}^{\mathrm{T}}(i)=\begin{bmatrix}1 & t_i & \cdots & t_i^n/n!\\ t_i & t_i^2 & \cdots & t_i^{n+1}/n!\\ \vdots & \vdots & & \vdots\\ t_i^n/n! & t_i^{n+1}/n! & \cdots & (t_i^n/n!)^2\end{bmatrix} \tag{A.11}$$

若样本是等间隔采样的,则式(A.8)和式(A.9)可化简为更加简洁的表达式。

令

$$t_i=\frac{2i-k-1}{2}T,\quad i=1,\cdots,k \tag{A.12}$$

式中,T 为采样周期,采样时刻取在 $t=0$ 周围。

接下来将分别给出在 $n=1,2,3$ 的情况下多项式拟合中参数估计及其协方差阵的明确表达式。

(1) 一阶多项式。当 $n=1$ 时,对应的是匀速运动模型(直线拟合),有

$$\boldsymbol{P}(k)=\frac{\sigma^2}{k}\begin{bmatrix}1 & 0\\ 0 & \dfrac{12}{(k-1)(k+1)T^2}\end{bmatrix} \tag{A.13}$$

且

$$\hat{\boldsymbol{a}}(k)=\begin{bmatrix}\hat{a}_0(k)\\ \hat{a}_1(k)\end{bmatrix}=\sigma^{-2}\boldsymbol{P}(k)\begin{bmatrix}\sum_{i=1}^{k}z(i)\\ \sum_{i=1}^{k}z(i)t_i\end{bmatrix} \tag{A.14}$$

式中,$\hat{a}_0$ 和 $\hat{a}_1$ 分别为位置和速度在基准时间 $t=0$ 时的估计值。

(2) 二阶多项式。当 $n=2$ 时,对应的是匀加速运动模型(抛物线拟合),有

$$\boldsymbol{P}(k)=\sigma^2\begin{bmatrix}\dfrac{3(3k^2-7)}{4k(k^2-4)} & 0 & \dfrac{-30}{k(k^2-4)T^2}\\ 0 & \dfrac{12}{k(k^2-1)T^2} & 0\\ \dfrac{-30}{k(k^2-4)T^2} & 0 & \dfrac{720}{k(k^2-1)(k^2-4)T^4}\end{bmatrix}\tag{A.15}$$

且

$$\hat{\boldsymbol{a}}(k)=\begin{bmatrix}\hat{a}_0(k)\\ \hat{a}_1(k)\\ \hat{a}_2(k)\end{bmatrix}=\sigma^{-2}\boldsymbol{P}(k)\begin{bmatrix}\sum_{i=1}^{k}z(i)\\ \sum_{i=1}^{k}z(i)t_i\\ \sum_{i=1}^{k}z(i)t_i^2/2\end{bmatrix}\tag{A.16}$$

式中，$\hat{a}_0$，$\hat{a}_1$ 和 $\hat{a}_2$ 分别为位置、速度和加速度在基准时间 $t=0$ 时的估计值。

(3) 三阶多项式。当 $n=3$ 时，对应的是匀变加速模型(三次曲线拟合)，参数估计协方差为

$$\boldsymbol{P}(k)=\sigma^2\begin{bmatrix}\dfrac{3(3k^2-7)}{4k(k^2-4)} & 0 & \dfrac{-30}{k(k^2-4)T^2} & 0\\ 0 & \dfrac{25(3k^4-18k^2+31)}{k(k^2-1)(k^2-4)(k^2-9)T^2} & 0 & \dfrac{-840(3k^2-7)}{k(k^2-1)(k^2-4)(k^2-9)T^4}\\ \dfrac{-30}{k(k^2-4)T^2} & 0 & \dfrac{720}{k(k^2-1)(k^2-4)T^4} & 0\\ 0 & \dfrac{-840(3k^2-7)}{k(k^2-1)(k^2-4)(k^2-9)T^4} & 0 & \dfrac{100\,800}{k(k^2-1)(k^2-4)(k^2-9)T^6}\end{bmatrix}\tag{A.17}$$

参数估计为

$$\hat{\boldsymbol{a}}(k)=\begin{bmatrix}\hat{a}_0(k)\\ \hat{a}_1(k)\\ \hat{a}_2(k)\\ \hat{a}_3(k)\end{bmatrix}=\sigma^{-2}\boldsymbol{P}(k)\begin{bmatrix}\sum_{i=1}^{k}z(i)\\ \sum_{i=1}^{k}z(i)t_i\\ \sum_{i=1}^{k}z(i)t_i^2/2\\ \sum_{i=1}^{k}z(i)t_i^3/6\end{bmatrix}\tag{A.18}$$

比较式(A.13)、式(A.15)和式(A.17)可以看到，随着多项式拟合次数的上升，相应参数的估计方差是非减的。这是因为当采用相同数目的数据点对更多参数拟合时，每个参数携带的信息就会越来越少。

附录B　矩 阵 性 质

B.1　矩阵

m 维线性方程系统

$$\left.\begin{array}{l} y_1 = a_{11}x_1 + a_{12}x_2 + \cdots + a_{1n}x_n \\ y_2 = a_{21}x_1 + a_{22}x_2 + \cdots + a_{2n}x_n \\ \cdots\cdots \\ y_m = a_{m1}x_1 + a_{m2}x_2 + \cdots + a_{mn}x_n \end{array}\right\} \tag{B.1}$$

可以写成矩阵形式为

$$\boldsymbol{y} = \boldsymbol{A}\boldsymbol{x} \tag{B.2}$$

式中，$\boldsymbol{y}$ 为 $m \times 1$ 向量；$\boldsymbol{x}$ 为 $n \times 1$ 向量；$\boldsymbol{A}$ 为 $m \times n$ 矩阵，具体分量表示如下：

$$\boldsymbol{y} = \begin{bmatrix} y_1 \\ y_2 \\ \vdots \\ y_m \end{bmatrix}, \quad \boldsymbol{x} = \begin{bmatrix} x_1 \\ x_2 \\ \vdots \\ x_n \end{bmatrix}, \quad \boldsymbol{A} = \begin{bmatrix} a_{11} & a_{12} & \cdots & a_{1n} \\ a_{21} & a_{22} & \cdots & a_{2n} \\ \vdots & \vdots & & \vdots \\ a_{m1} & a_{m2} & \cdots & a_{mn} \end{bmatrix} \tag{B.3}$$

如果 $m = n$，则称矩阵 $\boldsymbol{A}$ 是方阵。

1. 矩阵加法、减法和乘法

矩阵 $\boldsymbol{A}$ 和 $\boldsymbol{B}$ 加 / 减法表示为

$$\boldsymbol{C} = \boldsymbol{A} \pm \boldsymbol{B} \tag{B.4}$$

式(B.4)的分量形式为 $c_{ij} = a_{ij} \pm b_{ij}$，其中下标“$ij$”表示相应矩阵的第 i 行第 j 列元素。矩阵加 / 减运算要求矩阵具有相同维数。矩阵加 / 减法运算具有如下特性：

(1) 满足交换律 $\boldsymbol{A} \pm \boldsymbol{B} = \boldsymbol{B} \pm \boldsymbol{A}$；

(2) 满足结合律 $(\boldsymbol{A} \pm \boldsymbol{B}) \pm \boldsymbol{C} = \boldsymbol{A} \pm (\boldsymbol{B} \pm \boldsymbol{C})$。

矩阵 $\boldsymbol{A}$ 和 $\boldsymbol{B}$ 相乘表示为

$$\boldsymbol{C} = \boldsymbol{A}\boldsymbol{B} \tag{B.5}$$

式中，要求 $\boldsymbol{A}$ 的列数等于 $\boldsymbol{B}$ 的行数。矩阵 $\boldsymbol{C}$ 的行数与 $\boldsymbol{A}$ 的行数相等，列数与 $\boldsymbol{B}$ 的列数相等。式(B.5)的分量形式为

$$c_{ij} = \sum_{k=1}^{n} a_{ik} b_{kj} \tag{B.6}$$

矩阵乘法运算具有如下特性：

(1) 满足结合律 $\boldsymbol{A}(\boldsymbol{B}\boldsymbol{C}) = (\boldsymbol{A}\boldsymbol{B})\boldsymbol{C}$；

(2) 满足分配律 $\boldsymbol{A}(\boldsymbol{B} + \boldsymbol{C}) = \boldsymbol{A}\boldsymbol{B} + \boldsymbol{A}\boldsymbol{C}$；

(3) 一般不满足交换律 $\boldsymbol{A}\boldsymbol{B} \neq \boldsymbol{B}\boldsymbol{A}$。

如果 $\boldsymbol{A}\boldsymbol{B} = \boldsymbol{B}\boldsymbol{A}$，则称 $\boldsymbol{A}$ 和 $\boldsymbol{B}$ 是可交换的。

矩阵的转置表示为 $\boldsymbol{A}^{\mathrm{T}}$，其行数等于 $\boldsymbol{A}$ 的列数，列数等于 $\boldsymbol{A}$ 的行数。转置运算符具有以下

性质：

$$(\alpha \boldsymbol{A})^{\mathrm{T}} = \alpha \boldsymbol{A}^{\mathrm{T}} \tag{B.7a}$$

$$(\boldsymbol{A} + \boldsymbol{B})^{\mathrm{T}} = \boldsymbol{A}^{\mathrm{T}} + \boldsymbol{B}^{\mathrm{T}} \tag{B.7b}$$

$$(\boldsymbol{AB})^{\mathrm{T}} = \boldsymbol{B}^{\mathrm{T}} \boldsymbol{A}^{\mathrm{T}} \tag{B.7c}$$

式中，α 为标量。若 $\boldsymbol{A} = \boldsymbol{A}^{\mathrm{T}}$，则 $\boldsymbol{A}$ 称为对称矩阵。若 $\boldsymbol{A} = -\boldsymbol{A}^{\mathrm{T}}$，则 $\boldsymbol{A}$ 为反对称矩阵。

2. 矩阵求逆

给定式(B.2)中的 $\boldsymbol{y}$ 和 $\boldsymbol{A}$，需要确定 $\boldsymbol{x}$。如果 $m > n$，则式(B.2)的方程数个数大于未知数的个数，$\boldsymbol{x}$ 的确切解一般不存在，运用最小二乘估计可获得方程矛盾最小化的拟合最优解。这种情况被称为“系统超定”。

如果 $m < n$，方程数的个数小于未知数的个数，一般有无穷多的精确解，求解时一般运用隐含准则确定特解（比如压缩感知的参数稀疏性）。这种情况被称为“系统欠定”。

如果 $m = n$，方程数个数等于未知数个数。如果方程具有独立性，即满足方阵 $\boldsymbol{A}$ 的行或列线性独立，则存在唯一解 $\boldsymbol{x} = \boldsymbol{A}^{-1}\boldsymbol{y}$，其中 $\boldsymbol{A}^{-1}$ 表示方阵 $\boldsymbol{A}$ 的逆，满足 $\boldsymbol{A}^{-1}\boldsymbol{A} = \boldsymbol{A}\boldsymbol{A}^{-1} = \boldsymbol{I}$，$\boldsymbol{I}$ 是 $n \times n$ 的单位矩阵：

$$\boldsymbol{I} = \begin{bmatrix} 1 & 0 & \cdots & 0 \\ 0 & 1 & \cdots & 0 \\ \vdots & \vdots & & \vdots \\ 0 & 0 & \cdots & 1 \end{bmatrix} \tag{B.8}$$

矩阵逆满足

$$(\boldsymbol{A}^{-1})^{-1} = \boldsymbol{A} \tag{B.9a}$$

$$(\boldsymbol{A}^{\mathrm{T}})^{-1} = (\boldsymbol{A}^{-1})^{\mathrm{T}} \equiv \boldsymbol{A}^{-\mathrm{T}} \tag{B.9b}$$

如果矩阵 $\boldsymbol{A}$ 或 $\boldsymbol{A}^{\mathrm{T}}$ 的逆存在，则称矩阵 $\boldsymbol{A}$ 为非奇异矩阵。对于 $n \times n$ 矩阵 $\boldsymbol{A}$ 和 $\boldsymbol{B}$，当且仅当 $\boldsymbol{A}$ 和 $\boldsymbol{B}$ 为非奇异时，矩阵积 $\boldsymbol{AB}$ 是非奇异，其逆矩阵为

$$(\boldsymbol{AB})^{-1} = \boldsymbol{B}^{-1} \boldsymbol{A}^{-1} \tag{B.10}$$

方阵 $\boldsymbol{A}$ 的求逆公式为

$$\boldsymbol{A}^{-1} = \frac{\mathrm{adj}(\boldsymbol{A})}{\det(\boldsymbol{A})} \tag{B.11}$$

式中，$\mathrm{adj}(\boldsymbol{A})$ 为 $\boldsymbol{A}$ 的伴随矩阵；$\det(\boldsymbol{A})$ 为 $\boldsymbol{A}$ 的行列式。对于 2×2 的矩阵 $\boldsymbol{A}$，其伴随阵和行列式为

$$\mathrm{adj}(\boldsymbol{A}_{2\times 2}) = \begin{bmatrix} a_{22} & -a_{12} \\ -a_{21} & a_{11} \end{bmatrix} \tag{B.12a}$$

$$\det(\boldsymbol{A}_{2\times 2}) = a_{11}a_{22} - a_{12}a_{21} \tag{B.12b}$$

行列式满足如下性质：

$$\det(\boldsymbol{I}) = 1 \tag{B.13a}$$

$$\det(\boldsymbol{AB}) = \det(\boldsymbol{A})\det(\boldsymbol{B}) \tag{B.13b}$$

$$\det(\boldsymbol{AB}) = \det(\boldsymbol{BA}) \tag{B.13c}$$

$$\det(\boldsymbol{AB} + \boldsymbol{I}) = \det(\boldsymbol{BA} + \boldsymbol{I}) \tag{B.13d}$$

$$\det(\boldsymbol{A}+\boldsymbol{x}\boldsymbol{y}^{\mathrm{T}})=\det(\boldsymbol{A})(1+\boldsymbol{y}^{\mathrm{T}}\boldsymbol{A}^{-1}\boldsymbol{x}) \tag{B.13e}$$

$$\det(\boldsymbol{A})\det(\boldsymbol{D}+\boldsymbol{C}\boldsymbol{A}^{-1}\boldsymbol{B})=\det(\boldsymbol{D})\det(\boldsymbol{A}+\boldsymbol{B}\boldsymbol{D}^{-1}\boldsymbol{C}) \tag{B.13f}$$

$$\det(\boldsymbol{A}^{\alpha})=[\det(\boldsymbol{A})]^{\alpha} \tag{B.13g}$$

$$\det(\alpha\boldsymbol{A})=\alpha^{n}\det(\boldsymbol{A}) \tag{B.13h}$$

$$\det(\boldsymbol{A}_{3\times3})\equiv\det([\boldsymbol{a}\quad\boldsymbol{b}\quad\boldsymbol{c}])=\boldsymbol{a}^{\mathrm{T}}[\boldsymbol{b}\times]\boldsymbol{c}=\boldsymbol{b}^{\mathrm{T}}[\boldsymbol{c}\times]\boldsymbol{a}=\boldsymbol{c}^{\mathrm{T}}[\boldsymbol{a}\times]\boldsymbol{b} \tag{B.13i}$$

式中，式(B.13g)在$\det(\boldsymbol{A})=0$时要求$\alpha>0$；矩阵$[\boldsymbol{a}\times]$，$[\boldsymbol{b}\times]$和$[\boldsymbol{c}\times]$表示向量积矩阵，定义见式(B.38)；$\boldsymbol{x}$ 和 $\boldsymbol{y}$ 为维数适当的列向量。伴随阵等于代数余子式的转置：

$$\mathrm{adj}(\boldsymbol{A})=[\mathrm{cof}(\boldsymbol{A})]^{\mathrm{T}} \tag{B.14}$$

代数余子式的元素为

$$C_{ij}=(-1)^{i+j}M_{ij} \tag{B.15}$$

式中，余子式M_{ij}为方阵$\boldsymbol{A}$划掉其第i行和第j列后所得矩阵的行列式。方阵行列式可按行或列展开计算：

$$\det(\boldsymbol{A})=\sum_{k=1}^{n}a_{ik}C_{ik}=\sum_{k=1}^{n}a_{kj}C_{kj} \tag{B.16}$$

当且仅当 $\boldsymbol{A}$ 的行列式不为零时，式(B.11)中的 $\boldsymbol{A}^{-1}$ 存在。如果矩阵逆等于矩阵转置，即满足

$$\boldsymbol{A}^{\mathrm{T}}\boldsymbol{A}=\boldsymbol{A}\boldsymbol{A}^{\mathrm{T}}=\boldsymbol{I} \tag{B.17}$$

则称该矩阵为正交矩阵。正交矩阵的行列式为 1 或 −1。如果 $\boldsymbol{A}$ 是正交矩阵，则有 $\|\boldsymbol{A}\boldsymbol{x}\|=\|\boldsymbol{x}\|$。也就是说，通过正交矩阵变换后，向量长度(用向量范数表征)不变。这里，正交矩阵起到了向量旋转的作用，没有对向量做缩放。

3. 块结构和其他特性

可以使用块结构表征矩阵运算。对于矩阵维数适当的情况，有

$$\det\begin{bmatrix}\boldsymbol{A}&\boldsymbol{B}\\0&\boldsymbol{C}\end{bmatrix}=\det\begin{bmatrix}\boldsymbol{A}&0\\\boldsymbol{B}&\boldsymbol{C}\end{bmatrix}=\det(\boldsymbol{A})\det(\boldsymbol{C}) \tag{B.18a}$$

$$\det\begin{bmatrix}\boldsymbol{A}&\boldsymbol{B}\\\boldsymbol{C}&\boldsymbol{D}\end{bmatrix}=\det(\boldsymbol{A})\det(\boldsymbol{P})=\det(\boldsymbol{D})\det(\boldsymbol{Q}) \tag{B.18b}$$

$$\begin{bmatrix}\boldsymbol{A}&\boldsymbol{B}\\\boldsymbol{C}&\boldsymbol{D}\end{bmatrix}^{-1}=\begin{bmatrix}\boldsymbol{Q}^{-1}&-\boldsymbol{Q}^{-1}\boldsymbol{B}\boldsymbol{D}^{-1}\\-\boldsymbol{D}^{-1}\boldsymbol{C}\boldsymbol{Q}^{-1}&\boldsymbol{D}^{-1}(\boldsymbol{I}+\boldsymbol{C}\boldsymbol{Q}^{-1}\boldsymbol{B}\boldsymbol{D}^{-1})\end{bmatrix}=\begin{bmatrix}\boldsymbol{A}^{-1}(\boldsymbol{I}+\boldsymbol{B}\boldsymbol{P}^{-1}\boldsymbol{C}\boldsymbol{A}^{-1})&-\boldsymbol{A}^{-1}\boldsymbol{B}\boldsymbol{P}^{-1}\\-\boldsymbol{P}^{-1}\boldsymbol{C}\boldsymbol{A}^{-1}&\boldsymbol{P}^{-1}\end{bmatrix} \tag{B.18c}$$

式中，$\boldsymbol{P}$ 和 $\boldsymbol{Q}$ 分别为 $\boldsymbol{A}$ 和 $\boldsymbol{D}$ 的舒尔补：

$$\boldsymbol{P}\equiv\boldsymbol{D}-\boldsymbol{C}\boldsymbol{A}^{-1}\boldsymbol{B} \tag{B.19a}$$

$$\boldsymbol{Q}\equiv\boldsymbol{A}-\boldsymbol{B}\boldsymbol{D}^{-1}\boldsymbol{C} \tag{B.19b}$$

根据矩阵求逆引理，有

$$(\boldsymbol{I}+\boldsymbol{A}\boldsymbol{B})^{-1}=\boldsymbol{I}-\boldsymbol{A}(\boldsymbol{I}+\boldsymbol{B}\boldsymbol{A})^{-1}\boldsymbol{B} \tag{B.20}$$

$$(\boldsymbol{A}+\boldsymbol{B}\boldsymbol{C}\boldsymbol{D})^{-1}=\boldsymbol{A}^{-1}-\boldsymbol{A}^{-1}\boldsymbol{B}(\boldsymbol{D}\boldsymbol{A}^{-1}\boldsymbol{B}+\boldsymbol{C}^{-1})^{-1}\boldsymbol{D}\boldsymbol{A}^{-1} \tag{B.21}$$

4. 矩阵的迹

在估计理论中，经常需要度量半正定的方阵，比如表征估计精度的误差协方差矩阵。常用

的矩阵线性算子是矩阵的迹：

$$\mathrm{Tr}(\boldsymbol{A})=\sum_{i=1}^{n}a_{ii} \tag{B.22}$$

矩阵迹满足如下特性：

$$\mathrm{Tr}(\alpha\boldsymbol{A})=\alpha\,\mathrm{Tr}(\boldsymbol{A}) \tag{B.23a}$$

$$\mathrm{Tr}(\boldsymbol{A}+\boldsymbol{B})=\mathrm{Tr}(\boldsymbol{A})+\mathrm{Tr}(\boldsymbol{B}) \tag{B.23b}$$

$$\mathrm{Tr}(\boldsymbol{AB})=\mathrm{Tr}(\boldsymbol{BA}) \tag{B.23c}$$

$$\mathrm{Tr}(\boldsymbol{x}\boldsymbol{y}^{\mathrm{T}})=\boldsymbol{x}^{\mathrm{T}}\boldsymbol{y} \tag{B.23d}$$

$$\mathrm{Tr}(\boldsymbol{A}\boldsymbol{y}\boldsymbol{x}^{\mathrm{T}})=\boldsymbol{x}^{\mathrm{T}}\boldsymbol{A}\boldsymbol{y} \tag{B.23e}$$

$$\mathrm{Tr}(\boldsymbol{ABCD})=\mathrm{Tr}(\boldsymbol{BCDA})=\mathrm{Tr}(\boldsymbol{CDAB})=\mathrm{Tr}(\boldsymbol{DABC}) \tag{B.23f}$$

式中，$\boldsymbol{A}$，$\boldsymbol{B}$，$\boldsymbol{C}$ 和 $\boldsymbol{D}$ 为维数适当的矩阵；$\boldsymbol{x}$ 和 $\boldsymbol{y}$ 为维数适当的列向量；α 为标量。式(B.23f) 显示：迹对于矩阵循环排列具有不变性。

5. 上三角型方程组的求解

考虑上三角型线性方程组：

$$\left.\begin{aligned} t_{11}x_1+t_{12}x_2+t_{13}x_3+\cdots+t_{1n}x_n&=y_1\\ t_{22}x_2+t_{23}x_3+\cdots+t_{2n}x_n&=y_2\\ \cdots\cdots&\\ t_{nn}x_n&=y_n \end{aligned}\right\} \tag{B.24}$$

或其矩阵表示

$$\boldsymbol{Tx}=\boldsymbol{y} \tag{B.25}$$

式中

$$\boldsymbol{T}=\begin{bmatrix} t_{11} & t_{12} & t_{13} & \cdots & t_{1n}\\ 0 & t_{22} & t_{23} & \cdots & t_{2n}\\ 0 & 0 & t_{33} & \cdots & t_{3n}\\ \vdots & \vdots & \vdots & & \vdots\\ 0 & 0 & 0 & \cdots & t_{nn} \end{bmatrix} \tag{B.26}$$

当对角线元素不为零时，矩阵 $\boldsymbol{T}$ 非奇异。可利用上三角结构由下至上逐次求解：

for $i=n, n-1, \cdots, 1$

$$x_i=t_{ii}^{-1}\left(y_i-\sum_{j=i+1}^{n}t_{ij}x_j\right)$$

next i

B.2　向量

式(B.2) 中的量 $\boldsymbol{x}$ 和 $\boldsymbol{y}$ 称为向量，它们是矩阵的特殊情况。向量可以由一行(称为行向量) 或一列(称为列向量) 组成。为方便起见，向量默认为列向量。

1. 向量范数和点积

向量长度由向量范数度量。对于任意向量 $\boldsymbol{x}$，向量范数需要满足距离要求：

(1) 非负性 $\| \boldsymbol{x} \| \geqslant 0$,当且仅当 $\boldsymbol{x} = 0$ 时,$\| \boldsymbol{x} \| = 0$;

(2) 比例放大 $\| \alpha \boldsymbol{x} \| = | \alpha | \, \| \boldsymbol{x} \|$,其中 α 为标量;

(3) 三角不等式 $\| \boldsymbol{x} \| + \| \boldsymbol{y} \| \geqslant \| \boldsymbol{x} + \boldsymbol{y} \|$。

向量范数有很多种,最常见的是二范数形式:

$$\| \boldsymbol{x} \| \equiv \sqrt{\boldsymbol{x}^{\mathrm{T}} \boldsymbol{x}} = \left[\sum_{i=1}^{n} x_i^2 \right]^{1/2} \tag{B.27}$$

如果把向量 $\boldsymbol{x}$ 看作是信号,则二范数度量了信号的能量。

范数值为 1 的向量称为单位向量。任何非零向量除以其范数可得单位向量:

$$\hat{\boldsymbol{x}} \equiv \frac{\boldsymbol{x}}{\| \boldsymbol{x} \|} \tag{B.28}$$

$n \times 1$ 的两个向量的点积或内积由下式给出:

$$\boldsymbol{x}^{\mathrm{T}} \boldsymbol{y} = \boldsymbol{y}^{\mathrm{T}} \boldsymbol{x} = \sum_{i=1}^{n} x_i y_i \tag{B.29}$$

如果点积为零,则称为正交矢量。如果一组向量 $\boldsymbol{x}_i$, $i = 1, 2, \cdots, m$,满足

$$\boldsymbol{x}_i^{\mathrm{T}} \boldsymbol{x}_j = \delta_{ij} \tag{B.30}$$

式中,δ_{ij} 为克罗内克函数,满足

$$\delta_{ij} = \begin{cases} 0 & \text{如果 } i \neq j \\ 1 & \text{如果 } i = j \end{cases} \tag{B.31}$$

那么,这样一组向量组成正交向量集合。如式(B.17) 所示,正交矩阵 $\boldsymbol{A}$ 的列组成正交向量集合,正交矩阵 $\boldsymbol{A}$ 的行也组成正交向量集合。

2. 两个向量夹角和正交投影

如图 B.1(a) 所示,向量 $\boldsymbol{x}$ 和 $\boldsymbol{y}$ 的夹角 θ 可由余弦定律计算,即

$$\cos(\theta) = \frac{\boldsymbol{x}^{\mathrm{T}} \boldsymbol{y}}{\| \boldsymbol{x} \| \, \| \boldsymbol{y} \|} \tag{B.32}$$

如图 B.1(b) 所示,向量 $\boldsymbol{y}$ 在向量 $\boldsymbol{x}$ 上的正交投影 $\boldsymbol{p}$ 满足 $(\boldsymbol{y} - \boldsymbol{p})^{\mathrm{T}} \boldsymbol{x} = 0$。其计算为

$$\boldsymbol{p} = \frac{\boldsymbol{x}^{\mathrm{T}} \boldsymbol{y}}{\| \boldsymbol{x} \|^2} \boldsymbol{x} \tag{B.33}$$

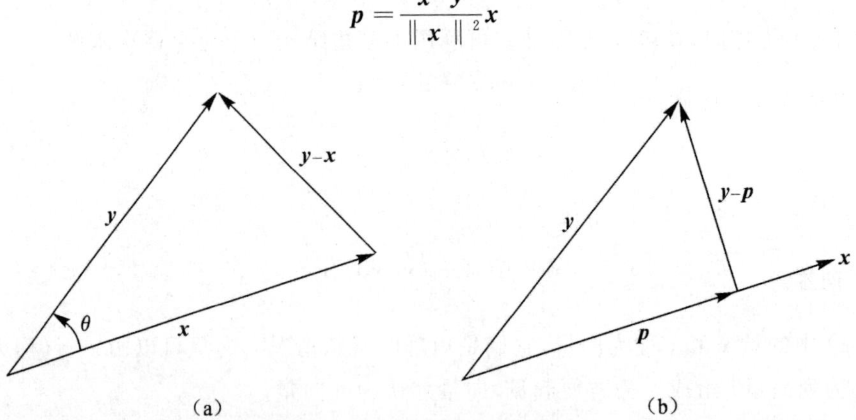

图 B.1 向量夹角和正交投影

(a) 两个向量的夹角; (b) 正交投影

3. 三角不等式和 Schwarz 不等式

向量满足一些不等式特性,包括三角不等式

$$\|\boldsymbol{x}+\boldsymbol{y}\| \leqslant \|\boldsymbol{x}\|+\|\boldsymbol{y}\| \tag{B.34}$$

和 Schwarz 不等式

$$|\boldsymbol{x}^{\mathrm{T}}\boldsymbol{y}| \leqslant \|\boldsymbol{x}\|\,\|\boldsymbol{y}\| \tag{B.35}$$

4. 向量积

两个向量的向量积得到一个垂直于两个向量的向量:

$$\boldsymbol{z}=\boldsymbol{x}\times\boldsymbol{y}=\begin{bmatrix} x_2y_3-x_3y_2 \\ x_3y_1-x_1y_3 \\ x_1y_2-x_2y_1 \end{bmatrix} \tag{B.36}$$

如图 B.2 所示,向量积遵循右手规则:右手平放并沿 $\boldsymbol{x}$ 的方向延伸;沿着 $\boldsymbol{y}$ 与 $\boldsymbol{x}$ 的夹角方向卷曲手指;拇指的指向为 $\boldsymbol{z}$ 的方向。

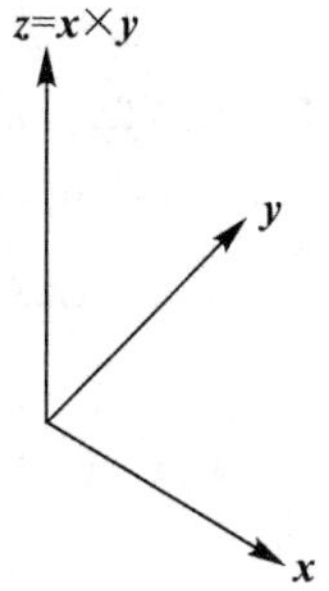

图 B.2　向量积和右手规则

也可以用矩阵乘法定义向量积,有

$$\boldsymbol{z}=[\boldsymbol{x}\times]\boldsymbol{y} \tag{B.37}$$

式中,$[\boldsymbol{x}\times]$ 为向量积矩阵,由下式定义:

$$[\boldsymbol{x}\times]\equiv\begin{bmatrix} 0 & -x_3 & x_2 \\ x_3 & 0 & -x_1 \\ -x_2 & x_1 & 0 \end{bmatrix} \tag{B.38}$$

显然,$[\boldsymbol{x}\times]$ 是反对称矩阵,满足 $[\boldsymbol{x}\times]=-[\boldsymbol{x}\times]^{\mathrm{T}}$。

向量积具有以下性质:

$$[\boldsymbol{x}\times]^{\mathrm{T}}=-[\boldsymbol{x}\times] \tag{B.39a}$$

$$[\boldsymbol{x}\times]\boldsymbol{y}=-[\boldsymbol{y}\times]\boldsymbol{x} \tag{B.39b}$$

$$[\boldsymbol{x}\times][\boldsymbol{y}\times]=-(\boldsymbol{x}^{\mathrm{T}}\boldsymbol{y})\boldsymbol{I}+\boldsymbol{y}\boldsymbol{x}^{\mathrm{T}} \tag{B.39c}$$

$$[\boldsymbol{x}\times]^3=-(\boldsymbol{x}^{\mathrm{T}}\boldsymbol{x})[\boldsymbol{x}\times] \tag{B.39d}$$

$$[\boldsymbol{x}\times][\boldsymbol{y}\times]-[\boldsymbol{y}\times][\boldsymbol{x}\times]=\boldsymbol{y}\boldsymbol{x}^{\mathrm{T}}-\boldsymbol{x}\boldsymbol{y}^{\mathrm{T}}=[(\boldsymbol{x}\times\boldsymbol{y})\times] \tag{B.39e}$$

$$\boldsymbol{x}\boldsymbol{y}^{\mathrm{T}}[\boldsymbol{w}\times]+[\boldsymbol{w}\times]\boldsymbol{y}\boldsymbol{x}^{\mathrm{T}}=-[\{\boldsymbol{x}\times(\boldsymbol{y}\times\boldsymbol{w})\}\times] \tag{B.39f}$$

$$(\boldsymbol{I}-[\boldsymbol{x}\times])(\boldsymbol{I}+[\boldsymbol{x}\times])^{-1}=\frac{1}{1+\boldsymbol{x}^{\mathrm{T}}\boldsymbol{x}}\{(1-\boldsymbol{x}^{\mathrm{T}}\boldsymbol{x})\boldsymbol{I}+2\boldsymbol{x}\boldsymbol{x}^{\mathrm{T}}-2[\boldsymbol{x}\times]\} \tag{B.39g}$$

$$\|\boldsymbol{x}\times\boldsymbol{y}\|^2\boldsymbol{I}=(\boldsymbol{x}^{\mathrm{T}}\boldsymbol{x})\boldsymbol{y}\boldsymbol{y}^{\mathrm{T}}+(\boldsymbol{y}^{\mathrm{T}}\boldsymbol{y})\boldsymbol{x}\boldsymbol{x}^{\mathrm{T}}-(\boldsymbol{x}^{\mathrm{T}}\boldsymbol{y})(\boldsymbol{x}\boldsymbol{y}^{\mathrm{T}}+\boldsymbol{y}\boldsymbol{x}^{\mathrm{T}})+(\boldsymbol{x}\times\boldsymbol{y})(\boldsymbol{x}\times\boldsymbol{y})^{\mathrm{T}} \tag{B.39h}$$

$$\mathrm{adj}([\boldsymbol{x}\times])=\boldsymbol{x}\boldsymbol{x}^{\mathrm{T}} \tag{B.39i}$$

对于 $\boldsymbol{M}$ 是 3×3 方阵的情况，还有以下性质：

$$\boldsymbol{M}[\boldsymbol{x}\times]+[\boldsymbol{x}\times]\boldsymbol{M}^{\mathrm{T}}+[(\boldsymbol{M}^{\mathrm{T}}\boldsymbol{x})\times]=\mathrm{Tr}(\boldsymbol{M})[\boldsymbol{x}\times] \tag{B.40a}$$

$$\boldsymbol{M}[\boldsymbol{x}\times]\boldsymbol{M}^{\mathrm{T}}=[\{\mathrm{adj}(\boldsymbol{M}^{\mathrm{T}})\boldsymbol{x}\}\times] \tag{B.40b}$$

$$(\boldsymbol{M}\boldsymbol{x})\times(\boldsymbol{M}\boldsymbol{y})=\mathrm{adj}(\boldsymbol{M}^{\mathrm{T}})(\boldsymbol{x}\times\boldsymbol{y}) \tag{B.40c}$$

$$[\{(\boldsymbol{M}\boldsymbol{x})\times(\boldsymbol{M}\boldsymbol{y})\}\times]=\boldsymbol{M}[(\boldsymbol{x}\times\boldsymbol{y})\times]\boldsymbol{M}^{\mathrm{T}} \tag{B.40d}$$

$$[\boldsymbol{x}\times]\boldsymbol{M}[\boldsymbol{x}\times]^{\mathrm{T}}=\boldsymbol{x}\boldsymbol{x}^{\mathrm{T}}\boldsymbol{M}^{\mathrm{T}}+\boldsymbol{M}^{\mathrm{T}}\boldsymbol{x}\boldsymbol{x}^{\mathrm{T}}-\mathrm{Tr}(\boldsymbol{M})[\boldsymbol{x}\times]^2-(\boldsymbol{x}^{\mathrm{T}}\boldsymbol{M}\boldsymbol{x})\boldsymbol{I}-(\boldsymbol{x}^{\mathrm{T}}\boldsymbol{x})\boldsymbol{M}^{\mathrm{T}} \tag{B.40e}$$

如果用列表示 $\boldsymbol{M}$：

$$\boldsymbol{M}=[\boldsymbol{x}_1\quad\boldsymbol{x}_2\quad\boldsymbol{x}_3] \tag{B.41}$$

可得

$$\det(\boldsymbol{M})=\boldsymbol{x}_1^{\mathrm{T}}(\boldsymbol{x}_2\times\boldsymbol{x}_3) \tag{B.42}$$

如果 $\boldsymbol{A}$ 是行列式为 1 的正交矩阵，则从式(B.40b) 可得

$$\boldsymbol{A}[\boldsymbol{x}\times]\boldsymbol{A}^{\mathrm{T}}=[(\boldsymbol{A}\boldsymbol{x})\times] \tag{B.43}$$

由式(B.39c) 可导出另一个重要等式：

$$[\boldsymbol{x}\times]^2=-(\boldsymbol{x}^{\mathrm{T}}\boldsymbol{x})\boldsymbol{I}+\boldsymbol{x}\boldsymbol{x}^{\mathrm{T}} \tag{B.44}$$

该矩阵是垂直于 $\boldsymbol{x}$ 的空间投影算子。

图 B.1(a) 所示的角度 θ 可由下式计算：

$$\sin(\theta)=\frac{\|\boldsymbol{x}\times\boldsymbol{y}\|}{\|\boldsymbol{x}\|\,\|\boldsymbol{y}\|} \tag{B.45}$$

使用 $\sin^2(\theta)+\cos^2(\theta)=1$、式(B.32) 和式(B.45)，可得

$$\|\boldsymbol{x}\times\boldsymbol{y}\|=\sqrt{(\boldsymbol{x}^{\mathrm{T}}\boldsymbol{x})(\boldsymbol{y}^{\mathrm{T}}\boldsymbol{y})-(\boldsymbol{x}^{\mathrm{T}}\boldsymbol{y})^2} \tag{B.46}$$

由式(B.35) 的 Schwarz 不等式可知，式(B.46) 的二次方根内的值总是非负。

B.3 矩阵范数和定性

1. 矩阵范数

表 B.1 列出了常用的向量和矩阵范数。一范数是列绝对值和的最大值。二范数是最大奇异值。除非另有说明，没有显示下标的范数为二范数。Frobenius 范数定义为其元素的二次方和的开方。无穷范数是行绝对值和的最大值。矩阵范数具有以下性质：

$$\|\alpha\boldsymbol{A}\|=|\alpha|\,\|\boldsymbol{A}\| \tag{B.47a}$$

$$\|\boldsymbol{A}+\boldsymbol{B}\|\leqslant\|\boldsymbol{A}\|+\|\boldsymbol{B}\| \tag{B.47b}$$

$$\|\boldsymbol{A}\boldsymbol{B}\|\leqslant\|\boldsymbol{A}\|\,\|\boldsymbol{B}\| \tag{B.47c}$$

式(B.47a) 和式(B.47b) 适合所有矩阵范数；式(B.47c) 适合常见矩阵范数，但不适合某些矩阵范数，如矩阵元素的最大绝对值。

表 B.1　矩阵和向量范数

范　数	向　量	矩　阵
一范数	$\lVert \boldsymbol{x} \rVert_1 = \sum_{i=1}^{n} \lvert x_i \rvert$	$\lVert \boldsymbol{A} \rVert_1 = \max_j \sum_{i=1}^{n} \lvert a_{ij} \rvert$
二范数	$\lVert \boldsymbol{x} \rVert_2 = \left[\sum_{i=1}^{n} x_i^2\right]^{1/2}$	$\lVert \boldsymbol{A} \rVert_2 = \boldsymbol{A}$ 的最大奇异值
Frobenius 范数	$\lVert \boldsymbol{x} \rVert_F = \lVert \boldsymbol{x} \rVert_2$	$\lVert \boldsymbol{A} \rVert_F = \sqrt{\mathrm{Tr}(\boldsymbol{A}^T\boldsymbol{A})}$
无穷范数	$\lVert \boldsymbol{x} \rVert_\infty = \max_i \lvert x_i \rvert$	$\lVert \boldsymbol{A} \rVert_\infty = \max_i \sum_{j=1}^{n} \lvert a_{ij} \rvert$

2. 定性

对于实数方阵 $\boldsymbol{A}$ 和所有维数合适的非零向量 $\boldsymbol{x}$，如果有 $\boldsymbol{x}^T\boldsymbol{A}\boldsymbol{x} > 0$，则称 $\boldsymbol{A}$ 正定；如果 $\boldsymbol{x}^T\boldsymbol{A}\boldsymbol{x} \geqslant 0$，则称 $\boldsymbol{A}$ 半正定；如果有 $\boldsymbol{x}^T\boldsymbol{A}\boldsymbol{x} < 0$，则称 $\boldsymbol{A}$ 负定；如果 $\boldsymbol{x}^T\boldsymbol{A}\boldsymbol{x} \leqslant 0$，则称 $\boldsymbol{A}$ 半负定；对于其他情况，称 $\boldsymbol{A}$ 为不定。实对称矩阵的定性可以通过检查其特征值来确定：当且仅当其所有特征值大于(大于等于)0 时，这个矩阵才正定(半正定)；当且仅当其所有特征值小于(小于等于)0 时，这个矩阵才负定(半负定)。不过，对于非对称的实数矩阵，特征根检验非负只是正定的必要条件，而非充分条件。对称实数矩阵可以用一个实数矩阵及其转置和的一半表示，有

$$\boldsymbol{B} = \frac{\boldsymbol{A} + \boldsymbol{A}^T}{2} \tag{B.48}$$

验证矩阵 $\boldsymbol{A}$ 正定的另一种方式是：$\boldsymbol{A}$ 的各阶顺序主子式都是正的。如果 $\boldsymbol{A}$ 是正定的，则 $\boldsymbol{A}^{-1}$ 也正定。如果 $\boldsymbol{A}$ 是半正定，则对于任何整数 $\alpha > 0$，存在唯一的半正定矩阵，使得 $\boldsymbol{A} = \boldsymbol{B}^\alpha$。矩阵 $\boldsymbol{B} - \boldsymbol{A}$ 正定，可表示为 $\boldsymbol{B} - \boldsymbol{A} > 0$，或

$$\boldsymbol{B} > \boldsymbol{A} \tag{B.49}$$

矩阵 $\boldsymbol{B} - \boldsymbol{A}$ 半正定，可表示为 $\boldsymbol{B} - \boldsymbol{A} \geqslant 0$，或

$$\boldsymbol{B} \geqslant \boldsymbol{A} \tag{B.50}$$

B.4　矩阵分解

1. 矩阵的秩

对于矩阵，其线性独立的行或列的数量被称为矩阵的秩，用 rank 表示。如果 $\boldsymbol{A}$ 的秩小于其行数和列数，则矩阵 $\boldsymbol{A}$ 是秩亏的。如果 $n \times n$ 矩阵 $\boldsymbol{A}$ 的秩 $\mathrm{rank}(\boldsymbol{A}) = r$，则总可以找到 $n - r$ 个非零单位矢量 $\hat{\boldsymbol{x}}_i$，满足

$$\boldsymbol{A}\hat{\boldsymbol{x}}_i = 0, \quad i = 1, 2, \cdots, n - r \tag{B.51}$$

这些向量可以构成 $\boldsymbol{A}$ 零空间的正交基，可以通过奇异值分解确定。

2. 特征值 / 特征向量分解和 Cayley - Hamilton 定理

对 $n \times n$ 方阵 $\boldsymbol{A}$ 的最常见分解是特征值 / 特征向量分解。如果存在非零单位向量 $\boldsymbol{p}$ 和 λ，使得

$$\boldsymbol{A}\boldsymbol{p} = \lambda \boldsymbol{p} \tag{B.52}$$

则称 $\boldsymbol{p}$ 为 $\boldsymbol{A}$ 的特征向量，λ 为特征值。特征值和特征向量可以是复数。为了保证式(B.52)存

在 $\boldsymbol{p}$ 的非零解，矩阵 $\lambda\boldsymbol{I}-\boldsymbol{A}$ 必须奇异，因此 $\lambda\boldsymbol{I}-\boldsymbol{A}$ 的行列式为0，即

$$\det(\lambda\boldsymbol{I}-\boldsymbol{A})=\lambda^n+\alpha_1\lambda^{n-1}+\cdots+\alpha_{n-1}\lambda+\alpha_n=0 \tag{B.53}$$

式(B.53)被称为 $\boldsymbol{A}$ 的特征方程。例如，3×3 矩阵的特征方程为

$$\lambda^3-\lambda^2\mathrm{Tr}(\boldsymbol{A})+\lambda\,\mathrm{Tr}[\mathrm{adj}(\boldsymbol{A})]-\det(\boldsymbol{A})=0 \tag{B.54}$$

如果 $\boldsymbol{A}$ 的所有特征值不同，则特征向量线性独立。此时，矩阵 $\boldsymbol{A}$ 可对角化为

$$\boldsymbol{\Lambda}=\boldsymbol{P}^{-1}\boldsymbol{A}\boldsymbol{P} \tag{B.55}$$

式中，$\boldsymbol{\Lambda}=\mathrm{diag}[\lambda_1,\lambda_2,\cdots,\lambda_n]$。若式(B.53)具有重根，则对角化的 $\boldsymbol{\Lambda}$ 包含 Jordan 块。根据 Cayley－Hamilton 定理，矩阵满足特征方程：

$$\boldsymbol{A}^n+\alpha_1\boldsymbol{A}^{n-1}+\cdots+\alpha_{n-1}\boldsymbol{A}+\alpha_n\boldsymbol{I}=0 \tag{B.56}$$

3. QR 分解

QR 分解可用于最小二乘估计和平方根信息滤波器。$m\times n$ 矩阵 $\boldsymbol{A}(m\geqslant n)$ 可分解为

$$\boldsymbol{A}=\bar{\boldsymbol{Q}}\bar{\boldsymbol{R}} \tag{B.57}$$

式中，$\bar{\boldsymbol{Q}}$ 为 $m\times m$ 正交矩阵；$\bar{\boldsymbol{R}}$ 为 $i>j$ 的所有元素 $r_{ij}=0$ 的上三角 $m\times n$ 矩阵。如果 $\boldsymbol{A}$ 列满秩，则 $\bar{\boldsymbol{Q}}$ 的前 n 列构成 $n\times n$ 矩阵的正交基。显然，$\bar{\boldsymbol{R}}$ 的后 $m-n$ 行均为0，由此得到如下的 QR 分解：

$$\boldsymbol{A}=\boldsymbol{Q}\boldsymbol{R} \tag{B.58}$$

式中，$\boldsymbol{Q}$ 为 $m\times n$ 矩阵，由 $\bar{\boldsymbol{Q}}$ 的前 n 列构成，具有正交列；$\boldsymbol{R}$ 为上三角 $n\times n$ 矩阵，由 $\bar{\boldsymbol{R}}$ 的前 n 行构成。QR 分解可以由 Gram－Schmidt 方法、基于 Householder 变换方法或者基于 Givens 旋转方法实现。

4. 奇异值分解

奇异值分解将矩阵 $\boldsymbol{A}(m\geqslant n)$ 分解成对角矩阵和两个正交矩阵：

$$\boldsymbol{A}=\bar{\boldsymbol{U}}\bar{\boldsymbol{S}}\bar{\boldsymbol{V}}^{\mathrm{T}} \tag{B.59}$$

式中，$\bar{\boldsymbol{U}}$ 为 $m\times m$ 正交矩阵；$\bar{\boldsymbol{S}}$ 为 $m\times n$ 矩阵，对于 $i\neq j$，$s_{ij}=0$；$\bar{\boldsymbol{V}}$ 为 $n\times n$ 正交矩阵。由于 $\boldsymbol{S}$ 的后 $m-n$ 行均为0，$\bar{\boldsymbol{U}}$ 的后 $m-n$ 列是任意的。式(B.59)可改写为

$$\boldsymbol{A}=\boldsymbol{U}\boldsymbol{S}\boldsymbol{V}^{\mathrm{T}} \tag{B.60}$$

式中，$m\times n$ 矩阵 $\boldsymbol{U}$ 为 $\bar{\boldsymbol{U}}$ 的前 n 列；$n\times n$ 矩阵 $\boldsymbol{S}$ 为 $\bar{\boldsymbol{S}}$ 的前 n 行；$\boldsymbol{V}=\bar{\boldsymbol{V}}$。$\boldsymbol{S}=\mathrm{diag}\{s_1,\cdots,s_n\}$ 的元素称为 $\boldsymbol{A}$ 的奇异值，奇异值一般从大到小排列。为了度量矩阵的可逆性，定义条件数为最大奇异值与其最小奇异值的比。条件数的最小值为1，条件数越大则矩阵越接近奇异。$\boldsymbol{A}$ 的秩由非零奇异值的个数给出。$\boldsymbol{A}$ 的二范数对应最大奇异值，F 范数对应奇异值二次方和的开方。

5. LU 和 Cholesky 分解

LU 分解将 $n\times n$ 矩阵 $\boldsymbol{A}$ 分解为下三角矩阵 $\boldsymbol{L}$ 和上三角矩阵 $\boldsymbol{U}$ 的乘积：

$$\boldsymbol{A}=\boldsymbol{L}\boldsymbol{U} \tag{B.61}$$

LU 分解不唯一，因为对于任意非奇异对角矩阵 $\boldsymbol{D}$，$\boldsymbol{L}'=\boldsymbol{L}\boldsymbol{D}$ 和 $\boldsymbol{U}'=\boldsymbol{D}^{-1}\boldsymbol{U}$ 产生满足 $\boldsymbol{L}'\boldsymbol{U}'=\boldsymbol{L}\boldsymbol{D}\boldsymbol{D}^{-1}\boldsymbol{U}=\boldsymbol{L}\boldsymbol{U}=\boldsymbol{A}$ 的新上下三角矩阵。以下分解能保证分解的唯一性：

$$\boldsymbol{A}=\boldsymbol{L}\boldsymbol{D}\boldsymbol{U} \tag{B.62}$$

式中，$\boldsymbol{L}$ 和 $\boldsymbol{U}$ 为单位下和上三角矩阵；$\boldsymbol{D}$ 为对角矩阵。如果 $\boldsymbol{A}$ 是对称正定矩阵，则有 $\boldsymbol{L}=\boldsymbol{U}$，且存在 Cholesky 分解：

$$\boldsymbol{A}=\boldsymbol{A}^{1/2}(\boldsymbol{A}^{1/2})^{\mathrm{T}} \tag{B.63}$$

式中，$\boldsymbol{A}^{1/2}=\boldsymbol{L}\boldsymbol{D}^{1/2}$ 称为矩阵二次方根，$\boldsymbol{D}^{1/2}=\mathrm{diag}\{d_{11}^{1/2},\cdots,d_{nn}^{1/2}\}$。

B.5　矩阵微积分

对于 $n\times 1$ 维向量 $\boldsymbol{x}$，定义标量函数 $f(\boldsymbol{x})$ 的雅可比阵为

$$\nabla_{\boldsymbol{x}} f \equiv \frac{\partial f}{\partial \boldsymbol{x}}=\begin{bmatrix}\dfrac{\partial f}{\partial x_1}\\ \dfrac{\partial f}{\partial x_2}\\ \vdots\\ \dfrac{\partial f}{\partial x_n}\end{bmatrix} \tag{B.64}$$

定义标量函数 $f(\boldsymbol{x})$ 的 Hessian 阵为

$$\nabla_{\boldsymbol{x}}^2 f \equiv \frac{\partial^2 f}{\partial \boldsymbol{x}\partial \boldsymbol{x}^{\mathrm{T}}}=\begin{bmatrix}\dfrac{\partial^2 f}{\partial x_1\partial x_1} & \dfrac{\partial^2 f}{\partial x_1\partial x_2} & \cdots & \dfrac{\partial^2 f}{\partial x_1\partial x_n}\\ \dfrac{\partial^2 f}{\partial x_2\partial x_1} & \dfrac{\partial^2 f}{\partial x_2\partial x_2} & \cdots & \dfrac{\partial^2 f}{\partial x_2\partial x_n}\\ \vdots & \vdots & & \vdots\\ \dfrac{\partial^2 f}{\partial x_n\partial x_1} & \dfrac{\partial^2 f}{\partial x_n\partial x_2} & \cdots & \dfrac{\partial^2 f}{\partial x_n\partial x_n}\end{bmatrix} \tag{B.65}$$

标量的 Hessian 阵是对称矩阵。对于一般的 $n\times 1$ 向量 $\boldsymbol{x}$ 和 $m\times 1$ 向量 $\boldsymbol{y}$，有

$$\frac{\partial^2 f}{\partial \boldsymbol{x}\partial \boldsymbol{y}^{\mathrm{T}}}=\begin{bmatrix}\dfrac{\partial^2 f}{\partial x_1\partial y_1} & \dfrac{\partial^2 f}{\partial x_1\partial y_2} & \cdots & \dfrac{\partial^2 f}{\partial x_1\partial y_m}\\ \dfrac{\partial^2 f}{\partial x_2\partial y_1} & \dfrac{\partial^2 f}{\partial x_2\partial x_2} & \cdots & \dfrac{\partial^2 f}{\partial x_2\partial y_m}\\ \vdots & & & \vdots\\ \dfrac{\partial^2 f}{\partial x_n\partial y_1} & \dfrac{\partial^2 f}{\partial x_n\partial y_2} & \cdots & \dfrac{\partial^2 f}{\partial x_n\partial y_m}\end{bmatrix} \tag{B.66}$$

如果 $\boldsymbol{f}(\boldsymbol{x})$ 是 $m\times 1$ 向量，$\boldsymbol{x}$ 是 $n\times 1$ 向量，则给出雅可比矩阵：

$$\nabla_{\boldsymbol{x}} \boldsymbol{f} \equiv \frac{\partial \boldsymbol{f}}{\partial \boldsymbol{x}}=\begin{bmatrix}\dfrac{\partial f_1}{\partial x_1} & \dfrac{\partial f_1}{\partial x_2} & \cdots & \dfrac{\partial f_1}{\partial x_n}\\ \dfrac{\partial f_2}{\partial x_1} & \dfrac{\partial f_2}{\partial x_2} & \cdots & \dfrac{\partial f_2}{\partial x_n}\\ \vdots & \vdots & & \vdots\\ \dfrac{\partial f_m}{\partial x_1} & \dfrac{\partial f_m}{\partial x_2} & \cdots & \dfrac{\partial f_m}{\partial x_n}\end{bmatrix} \tag{B.67}$$

注意，雅可比矩阵是 $m\times n$ 矩阵。关于矩阵求偏导的公式见表 B.2。

表 B.2　关于矩阵求偏导

线性	$\frac{\partial}{\partial \boldsymbol{x}}(\boldsymbol{A}\boldsymbol{x}) = \boldsymbol{A}$ $\frac{\partial}{\partial \boldsymbol{A}}(\boldsymbol{a}^{\mathrm{T}}\boldsymbol{A}\boldsymbol{b}) = \boldsymbol{a}\boldsymbol{b}^{\mathrm{T}}$ $\frac{\partial}{\partial \boldsymbol{A}}(\boldsymbol{a}^{\mathrm{T}}\boldsymbol{A}^{\mathrm{T}}\boldsymbol{b}) = \boldsymbol{b}\boldsymbol{a}^{\mathrm{T}}$ $\frac{\mathrm{d}}{\mathrm{d}t}(\boldsymbol{A}\boldsymbol{B}) = \boldsymbol{A}\left[\frac{\mathrm{d}}{\mathrm{d}t}(\boldsymbol{B})\right] + \left[\frac{\mathrm{d}}{\mathrm{d}t}(\boldsymbol{A})\right]\boldsymbol{B}$
Hessian 矩阵	$\frac{\partial^2}{\partial \boldsymbol{x}\partial \boldsymbol{x}^{\mathrm{T}}}(\boldsymbol{A}\boldsymbol{x}+\boldsymbol{b})^{\mathrm{T}}\boldsymbol{C}(\boldsymbol{D}\boldsymbol{x}+\boldsymbol{e}) = \boldsymbol{A}^{\mathrm{T}}\boldsymbol{C}\boldsymbol{D} + \boldsymbol{D}^{\mathrm{T}}\boldsymbol{C}^{\mathrm{T}}\boldsymbol{A}$ $\frac{\partial^2}{\partial \boldsymbol{x}\partial \boldsymbol{x}^{\mathrm{T}}}(\boldsymbol{x}^{\mathrm{T}}\boldsymbol{C}\boldsymbol{x}) = \boldsymbol{C} + \boldsymbol{C}^{\mathrm{T}}$
逆矩阵	$\frac{\mathrm{d}}{\mathrm{d}t}(\boldsymbol{A}^{-1}) = -\boldsymbol{A}^{-1}\left[\frac{\mathrm{d}}{\mathrm{d}t}(\boldsymbol{A})\right]\boldsymbol{A}^{-1}$ $\frac{\partial}{\partial \boldsymbol{A}}(\boldsymbol{a}^{\mathrm{T}}\boldsymbol{A}^{-1}\boldsymbol{b}) = -\boldsymbol{A}^{-\mathrm{T}}\boldsymbol{a}\boldsymbol{b}^{\mathrm{T}}\boldsymbol{A}^{-\mathrm{T}}$
二次和三次方	$\frac{\partial}{\partial \boldsymbol{x}}(\boldsymbol{A}\boldsymbol{x}+\boldsymbol{b})^{\mathrm{T}}\boldsymbol{C}(\boldsymbol{D}\boldsymbol{x}+\boldsymbol{e}) = \boldsymbol{A}^{\mathrm{T}}\boldsymbol{C}(\boldsymbol{D}\boldsymbol{x}+\boldsymbol{e}) + \boldsymbol{D}^{\mathrm{T}}\boldsymbol{C}^{\mathrm{T}}(\boldsymbol{A}\boldsymbol{x}+\boldsymbol{b})$ $\frac{\partial}{\partial \boldsymbol{x}}(\boldsymbol{x}^{\mathrm{T}}\boldsymbol{C}\boldsymbol{x}) = (\boldsymbol{C}+\boldsymbol{C}^{\mathrm{T}})\boldsymbol{x}$ $\frac{\partial}{\partial \boldsymbol{A}}(\boldsymbol{a}^{\mathrm{T}}\boldsymbol{A}^{\mathrm{T}}\boldsymbol{A}\boldsymbol{b}) = \boldsymbol{A}(\boldsymbol{a}\boldsymbol{b}^{\mathrm{T}}+\boldsymbol{b}\boldsymbol{a}^{\mathrm{T}})$ $\frac{\partial}{\partial \boldsymbol{A}}(\boldsymbol{a}^{\mathrm{T}}\boldsymbol{A}^{\mathrm{T}}\boldsymbol{C}\boldsymbol{A}\boldsymbol{b}) = \boldsymbol{C}^{\mathrm{T}}\boldsymbol{A}\boldsymbol{a}\boldsymbol{b}^{\mathrm{T}} + \boldsymbol{C}\boldsymbol{A}\boldsymbol{b}\boldsymbol{a}^{\mathrm{T}}$ $\frac{\partial}{\partial \boldsymbol{A}}(\boldsymbol{A}\boldsymbol{a}+\boldsymbol{b})^{\mathrm{T}}\boldsymbol{C}(\boldsymbol{A}\boldsymbol{a}+\boldsymbol{b}) = (\boldsymbol{C}+\boldsymbol{C}^{\mathrm{T}})(\boldsymbol{A}\boldsymbol{a}+\boldsymbol{b})\boldsymbol{a}^{\mathrm{T}}$ $\frac{\partial}{\partial \boldsymbol{x}}(\boldsymbol{x}^{\mathrm{T}}\boldsymbol{A}\boldsymbol{x}\boldsymbol{x}^{\mathrm{T}}) = (\boldsymbol{A}+\boldsymbol{A}^{\mathrm{T}})\boldsymbol{x}\boldsymbol{x}^{\mathrm{T}} + (\boldsymbol{x}^{\mathrm{T}}\boldsymbol{A}\boldsymbol{x})\boldsymbol{I}$
矩阵迹	$\frac{\partial}{\partial \boldsymbol{A}}\mathrm{Tr}(\boldsymbol{A}) = \frac{\partial}{\partial \boldsymbol{A}}\mathrm{Tr}(\boldsymbol{A}^{\mathrm{T}}) = \boldsymbol{I}$ $\frac{\partial}{\partial \boldsymbol{A}}\mathrm{Tr}(\boldsymbol{A}^{\alpha}) = \alpha(\boldsymbol{A}^{\alpha-1})^{\mathrm{T}}$ $\frac{\partial}{\partial \boldsymbol{A}}\mathrm{Tr}(\boldsymbol{C}\boldsymbol{A}^{-1}\boldsymbol{B}) = -\boldsymbol{A}^{-\mathrm{T}}\boldsymbol{C}\boldsymbol{B}\boldsymbol{A}^{-\mathrm{T}}$ $\frac{\partial}{\partial \boldsymbol{A}}\mathrm{Tr}(\boldsymbol{C}^{\mathrm{T}}\boldsymbol{A}\boldsymbol{B}^{\mathrm{T}}) = \frac{\partial}{\partial \boldsymbol{A}}\mathrm{Tr}(\boldsymbol{B}\boldsymbol{A}^{\mathrm{T}}\boldsymbol{C}) = \boldsymbol{C}\boldsymbol{B}$ $\frac{\partial}{\partial \boldsymbol{A}}\mathrm{Tr}(\boldsymbol{C}\boldsymbol{A}\boldsymbol{B}\boldsymbol{A}^{\mathrm{T}}\boldsymbol{D}) = \boldsymbol{C}^{\mathrm{T}}\boldsymbol{D}^{\mathrm{T}}\boldsymbol{A}\boldsymbol{B}^{\mathrm{T}} + \boldsymbol{D}\boldsymbol{C}\boldsymbol{A}\boldsymbol{B}$ $\frac{\partial}{\partial \boldsymbol{A}}\mathrm{Tr}(\boldsymbol{C}\boldsymbol{A}\boldsymbol{B}\boldsymbol{A}) = \boldsymbol{C}^{\mathrm{T}}\boldsymbol{A}^{\mathrm{T}}\boldsymbol{B}^{\mathrm{T}} + \boldsymbol{B}^{\mathrm{T}}\boldsymbol{A}^{\mathrm{T}}\boldsymbol{C}^{\mathrm{T}}$

续表

行列式	$\frac{\partial}{\partial \boldsymbol{A}}\det(\boldsymbol{A})=\frac{\partial}{\partial \boldsymbol{A}}\det(\boldsymbol{A}^{\mathrm{T}})=[\mathrm{adj}(\boldsymbol{A})]^{\mathrm{T}}$ $\frac{\partial}{\partial \boldsymbol{A}}\det(\boldsymbol{CAB})=\det(\boldsymbol{CAB})\boldsymbol{A}^{-\mathrm{T}}$ $\frac{\partial}{\partial \boldsymbol{A}}\ln[\det(\boldsymbol{CAB})]=\boldsymbol{A}^{-\mathrm{T}}$ $\frac{\partial}{\partial \boldsymbol{A}}\det(\boldsymbol{A}^{\alpha})=\alpha\det(\boldsymbol{A}^{\alpha})\boldsymbol{A}^{-\mathrm{T}}$ $\frac{\partial}{\partial \boldsymbol{A}}\ln[\det(\boldsymbol{A}^{\alpha})]=\alpha\boldsymbol{A}^{-\mathrm{T}}$ $\frac{\partial}{\partial \boldsymbol{A}}\det(\boldsymbol{A}^{\mathrm{T}}\boldsymbol{CA})=\det(\boldsymbol{A}^{\mathrm{T}}\boldsymbol{CA})(\boldsymbol{C}+\boldsymbol{C}^{\mathrm{T}})\boldsymbol{A}(\boldsymbol{A}^{\mathrm{T}}\boldsymbol{CA})^{-1}$ $\frac{\partial}{\partial \boldsymbol{A}}\ln[\det(\boldsymbol{A}^{\mathrm{T}}\boldsymbol{CA})]=(\boldsymbol{C}+\boldsymbol{C}^{\mathrm{T}})\boldsymbol{A}(\boldsymbol{A}^{\mathrm{T}}\boldsymbol{CA})^{-1}$